THÉORIE

DES

CORPS DE NOMBRES ALGÉBRIQUES

MÉMOIRE de M. David Hilbert,

Professeur à l'Université de Gœttingen.

PUBLIÉ PAR LA SOCIÉTÉ

DEUTSCHE MATHEMATIKER VEREINIGUNG, en 1897.

TRADUIT PAR M. A. Lævy,

Professeur au Lycée Voltaire.

(Extrait des "Annales de la Faculté des Sciences de l'Université de Toulouse",
Année 1909, 3ᵉ fascicule.)

TOULOUSE

IMPRIMERIE ET LIBRAIRIE ÉDOUARD PRIVAT

Librairie de l'Université

14, RUE DES ARTS (SQUARE DU MUSÉE)

1910

PREMIÈRE PARTIE.

THÉORIE GÉNÉRALE DU CORPS ALGÉBRIQUE.

CHAPITRE PREMIER.

Le nombre algébrique et le corps algébrique.

§ 1. — LE CORPS ALGÉBRIQUE ET LES CORPS ALGÉBRIQUES CONJUGUÉS.

Un nombre α est dit un *nombre algébrique* s'il satisfait à une équation de degré m de la forme

$$\alpha^m + a_1 \alpha^{m-1} + a_2 \alpha^{m-2} + \ldots + a_m = 0$$

où $a_1, a_2, \ldots, a_m$ sont des nombres rationnels.

Soient $\alpha, \beta, \ldots, \varkappa$ des nombres algébriques quelconques en nombre fini, toutes les fonctions rationnelles à coefficients entiers de $\alpha, \beta, \ldots, \varkappa$ forment un système fermé de nombres algébriques que l'on nomme *Corps de nombres, corps* au domaine de rationalité [Dedekind[1,2], Kronecker[16]]. Comme en particulier la somme, la différence et le quotient de deux nombres d'un domaine de rationalité est encore un nombre de ce domaine, cette notion de domaine est un invariant relativement aux quatre opérations élémentaires : addition, soustraction, multiplication, division.

THÉORÈME 1. — Dans tout corps k il existe un nombre θ tel que tous les autres nombres du corps sont des fonctions rationnelles entières de θ à coefficients rationnels.

Le degré m de l'équation de plus bas degré à coefficients rationnels satisfaite par θ s'appelle le *degré du corps k*. Le nombre θ est dit le nombre qui *détermine le corps k*.

L'équation de degré m est irréductible dans le domaine de rationalité des nombres rationnels.

Réciproquement, chaque racine d'une pareille équation irréductible détermine un corps de degré m.

Si $\theta', \theta'', \ldots, \theta^{(m-1)}$ sont les $m-1$ autres racines de l'équation, les corps $k', k'', \ldots, k^{(m-1)}$ déterminés respectivement par $\theta', \theta'', \ldots, \theta^{(m-1)}$ sont dits *les corps conjugués du corps k*.

Soit α un nombre quelconque du corps k et soit

$$\alpha = c_1 + c_2\theta + \ldots + c_m\theta^{m-1},$$

où c_1, c_2, ..., c_m sont des nombres rationnels, les nombres

$$\alpha' = c_1 + c_2\theta' + \ldots + c_m\theta'^{m-1},$$

$$\cdots \cdots \cdots \cdots \cdots \cdots \cdots$$

$$\alpha^{(m-1)} = c_1 + c_2\theta^{(m-1)} + \ldots + c_m(\theta^{(m-1)})^{m-1}$$

sont dits les nombres *conjugués de* α ou encore les nombres issus de α par les substitutions

$$t' = (\theta : \theta'), \ldots, t^{(m-1)} = (\theta : \theta^{(m-1)}).$$

§ 2. — Le nombre algébrique entier.

Le nombre α est dit un *nombre entier algébrique* ou tout simplement un *nombre entier* s'il satisfait à une équation de la forme

$$\alpha_m + a_1\alpha^{m-1} + a_2\alpha^{m-2} + \ldots + a_m = 0,$$

où a_1, a_2, ..., a_m sont des nombres rationnels et entiers.

Théorème 2. — Toute fonction entière F à coefficients entiers d'un nombre quelconque d'entiers α, β, ..., $\varkappa$ est encore un nombre entier.

Démonstration. — Désignons par α', α'', ..., β', β'', ..., $\varkappa'$, $\varkappa''$, ... les nombres conjugués à α, β, ..., $\varkappa$ et formons toutes les expressions de la forme

$$\mathrm{F}(\alpha, \beta, \ldots), \quad \mathrm{F}(\alpha', \beta, \ldots, \varkappa), \quad \mathrm{F}(\alpha, \beta', \ldots, \varkappa), \quad \mathrm{F}(\alpha, \beta, \ldots, \varkappa'), \quad \mathrm{F}(\alpha'\beta', \ldots, \varkappa), \quad \ldots$$

le théorème connu sur les fonctions symétriques nous apprend que l'équation à laquelle satisfont ces expressions n'a que des coefficients entiers et que le coefficient de la plus haute puissance $= 1$.

En particulier, la somme, la différence et le produit de deux nombres entiers est un nombre entier. Le concept « entier » est un invariant pour les trois opérations : addition, soustraction, multiplication.

Le nombre entier γ est dit *divisible* par le nombre entier α s'il existe un nombre entier γ tel que $\alpha = \beta\gamma$.

Théorème 3. — Les racines d'une équation quelconque de degré r de la forme

$$\alpha^r + a_1\alpha^{r-1} + a_2\alpha^{r-2} + \ldots + a_r = 0$$

sont toujours des nombres entiers, dès que les coefficients a_1, a_2, ..., a_r sont des nombres algébriques entiers.

Théorème 4. — *Lorsqu'un nombre entier algébrique est rationnel, il est un nombre entier rationnel.*

Démonstration. — Si on avait $\alpha = \dfrac{a}{b}$, a et b étant rationnels entiers et premiers entre eux et $b > 1$, et si α satisfait à une équation dont les coefficients $a_1, \ldots, a_m$ sont des entiers rationnels, on aurait, en multipliant par b^{m-1},

$$\frac{a^m}{b} = -a_1 a^{m-1} - a_2 b a^{m-2} - \ldots - a_m b^{m-1} = A$$

où A est un nombre entier rationnel, ce qui est impossible. [Dedekind [1], Kronecker [16].]

§ 3. — La norme, la différente, le discriminant d'un nombre.
La base du corps.

Soit α un nombre quelconque du corps k et soient $\alpha', \ldots, \alpha^{(m-1)}$ les nombres conjugués à α, le produit

$$n(\alpha) = \alpha \alpha' \ldots \alpha^{(m-1)}$$

est dit la *norme* du nombre α. La norme d'un nombre α est toujours un nombre rationnel. De plus, le produit

$$\delta(\alpha) = (\alpha - \alpha')(\alpha - \alpha'') \ldots (\alpha - \alpha^{(m-1)})$$

est la *différente du nombre* α. La différente d'un nombre est encore un nombre du corps k.

Car si l'on pose

$$f(x) = (x - \alpha)(x - \alpha') \ldots (x - \alpha^{(m-1)}),$$

$$\delta(\alpha) = \left[\frac{df(x)}{dx} \right]_{x=\alpha}.$$

Enfin, le produit

$$d(\alpha) = (\alpha - \alpha')^2 (\alpha - \alpha'')^2 (\alpha' - \alpha'')^2 \ldots (\alpha^{(m-2)} - \alpha^{(m-1)})^2$$

$$= \begin{vmatrix} 1, & \alpha, & \alpha^2, & \ldots, & \alpha^{m-1} \\ 1, & \alpha', & \alpha'^2, & \ldots, & \alpha'^{m-1} \\ \cdot & \cdot & \cdot & \cdots & \cdot \\ 1, & \alpha^{(m-1)}, & (\alpha^{(m-1)})^2, & \ldots, & (\alpha^{(m-1)})^{m-1} \end{vmatrix}^2$$

est dit le *discriminant de* α.

Le discriminant d'un nombre rationnel est un nombre rationnel et au signe près il est égal à la norme de la différente ; en effet

$$d(\alpha) = (-1)^{\frac{m(m-1)}{2}} n(\delta).$$

Si α est un nombre qui détermine le corps, sa différente et son discriminant sont différents de zéro. Réciproquement, si la différente et le discriminant d'un nombre sont différents de zéro, ce nombre détermine le corps.

Si α est entier, sa norme, sa différente et son discriminant sont entiers.

Théorème 5. — Dans tout corps de degré m, il existe m nombres entiers $\omega_1, \omega_2, \ldots, \omega_m$ tels que tout autre entier du corps ω puisse être représenté par

$$\omega = a_1\omega_1 + a_2\omega_2 + \ldots + a_m\omega_m,$$

où $a_1, a_2, \ldots, a_m$ sont des entiers rationnels.

Démonstration. — Si α est un nombre entier déterminant le corps, tout nombre ω est représentable par

$$\omega = r_1 + r_2\alpha + \ldots + r_m\alpha^{m-1},$$

où $r_1, r_2, \ldots, r_m$ sont des nombres rationnels.

En passant aux nombres conjugués

$$\omega' = r_1 + r_2\alpha' + \ldots + r_m\alpha'^{m-1},$$

$$\cdot \quad \cdot \quad \cdot \quad \cdot \quad \cdot \quad \cdot \quad \cdot \quad \cdot \quad \cdot \quad \cdot \quad \cdot \quad \cdot \quad \cdot \quad \cdot$$

$$\omega^{(m-1)} = r_1 + r_2\alpha^{(m-1)} + \ldots + r_m(\alpha^{(m-1)})^{m-1},$$

il en résulte pour $s = 1, 2, \ldots, m$

$$r_s = \frac{\begin{vmatrix} 1, & \alpha, & \ldots, & \omega, & \ldots, & \alpha^{m-1} \end{vmatrix}}{\begin{vmatrix} 1, & \alpha, & \ldots, & \alpha^{s-1}, & \ldots, & \alpha^{m-1} \end{vmatrix}^2} = \frac{A_s}{d(\alpha)},$$

où A_s comme fonction entière de $\alpha, \alpha', \ldots, \alpha^{(m-1)}, \omega, \omega', \ldots, \omega^{(m-1)}$ est un nombre entier. Comme, d'autre part, A_s est égal au nombre entier $r_s d(\alpha)$, A_s, d'après le théorème 4, est un nombre entier rationnel. Tout nombre entier ω peut donc être représenté par

$$(1) \qquad \omega = \frac{A_1 + A_2\alpha + \ldots + A_m\alpha^{m-1}}{d(\alpha)},$$

où $A_1, A_2, \ldots, A_m$ sont des entiers rationnels et où $d(\alpha)$ est le discriminant de α.

Soit à nouveau s un nombre de la suite $1, 2, \ldots, m$; supposons qu'on ait calculé tous les nombres du corps de la forme

$$\omega_s = \frac{O_1 + O_2\alpha + \ldots + O_s\alpha^{s-1}}{d(\alpha)},$$

$$\omega_s^{(1)} = \frac{O_1^{(1)} + O_2^{(2)}\alpha + \ldots + O_s^{(2)}\alpha^{s-1}}{d(\alpha)},$$

$$\cdot \quad \cdot \quad \cdot \quad \cdot \quad \cdot \quad \cdot \quad \cdot \quad \cdot \quad \cdot \quad \cdot \quad \cdot \quad \cdot \quad \cdot$$

où les O, $O^{(1)}$, $O^{(2)}$, ... sont des nombres entiers rationnels, nous pouvons admettre que $O_s \neq o$ et qu'il est le plus grand commun diviseur des O_r, $O_r^{(1)}$, $O_s^{(2)}$, ... Alors les m premiers nombres correspondants ω_1, ..., ω_m forment un système satisfaisant à la condition demandée. En effet, soit un nombre ω mis sous la forme (1); d'après ce que nous venons de dire, on devra avoir $A_m = a_m O_m$ où a_m est un nombre rationnel, mais alors la différence

$$\omega^* = \omega - a_m \omega_m$$

a la forme

$$\omega^* = \frac{A_1^* + A_2^* \alpha + \ldots + A_{m-1}^* \alpha^{m-2}}{d(\alpha)},$$

et l'on aura $A_{m-1} = a_{m-1} O_{m-1}$; si nous considérons la différence $\omega^{**} = \omega^* - a_{m-1} \omega_{m-1}$ et si nous poursuivons ce raisonnement, nous en concluerons l'exactitude du théorème (5).

Les nombres ω_1, ..., ω_m forment ce que nous appellerons une base du système de tous les nombres entiers du corps k, ou tout simplement une *base du corps k*. Toute autre base du corps est donnée par les formules

$$\omega_1^* = a_{11} \omega_1 + \ldots + a_{1m} \omega_m,$$
$$\cdots \cdots \cdots \cdots \cdots$$
$$\omega_m^* = a_{m1} \omega_1 + \ldots + a_{mm} \omega_m$$

où le déterminant des coefficients $a = \pm 1$. [Dedekind[1], Kronecker[16].]

CHAPITRE II.

Les idéaux du corps.

§ 4. — LA MULTIPLICATION DES IDÉAUX ET LEUR DIVISIBILITÉ. — L'IDÉAL PREMIER.

Le premier problème important de la théorie des corps algébriques est la recherche des lois de la décomposition (divisibilité) des nombres algébriques. Ces lois sont d'une admirable beauté et d'une grande simplicité. Elles présentent une analogie précise avec les lois élémentaires de la divisibilité pour les nombres entiers rationnels et elles ont la même signification fondamentale. Ces lois ont été découvertes d'abord par Kummer, mais le mérite de les avoir établies pour le corps algébrique général revient à Dedekind et à Kronecker.

Les principes fondamentaux de cette théorie sont les suivants :

Un système d'un nombre infini d'entiers algébriques α_1, α_2, ... du corps k, tel que toute combinaison linéaire $\lambda_1 \alpha_1 + \lambda_2 \alpha_2$ ... (où λ_1, λ_2, ... sont des nombres entiers du corps) appartienne encore au système est dit un idéal $\mathfrak{a}$.

Théorème 6. — Dans chaque idéal $\mathfrak{a}$ il y a m nombres i_1, i_2, ..., i_m tels que tout autre nombre de l'idéal est une combinaison linéaire

$$i = l_1 i_1 + \ldots + l_m i_m$$

où l_1, ..., l_m sont des entiers rationnels.

Démonstration. — Soit s un des nombres 1, 2, ..., m; imaginons qu'on ait calculé tous les nombres de l'idéal de la forme

$$i_s = J_1 \, \omega_1 + \ldots + J_s \omega_s,$$
$$i_s^{(1)} = J_1^{(1)} \omega_1 + \ldots + J_s^{(1)} \omega_s,$$
$$\cdots \cdots \cdots \cdots \cdots$$

où J, $J^{(1)}$, ... sont des nombres entiers rationnels; admettons que $J_s \neq 0$ est le plus grand commun diviseur des nombres J_s, $J_s^{(1)}$, ..., on en déduira comme précédemment que les m nombres i_1, ..., i_m satisfont à la condition indiquée.

Les nombres i_1, ..., i_m sont dits la *base de l'idéal* $\mathfrak{a}$. Toute autre base de l'idéal peut être mise sous la forme

$$i_1^* = a_{11} i_1 + \ldots + a_{1m} i_m,$$
$$i_m^* = a_{m1} i_1 + \ldots + a_{mm} i_m,$$
$$\cdots \cdots \cdots \cdots \cdots$$

où le déterminant de coefficients $a = \pm 1$.

Soient α_1, ..., α_r, r nombres de l'idéal $\mathfrak{a}$ tels que des combinaisons linéaires de ces nombres avec l'emploi de coefficients algébriques λ donnent tous les nombres de l'idéal, j'écrirai

$$\mathfrak{a} = (\alpha_1, \ldots, \alpha_r).$$

Si $\mathfrak{a} = (\alpha_1, \alpha_2, \ldots, \alpha_r)$ et $\mathfrak{b} = (\beta_1, \ldots, \beta_s)$ sont deux idéaux, je désignerai par $(\mathfrak{a}, \mathfrak{b})$ l'idéal obtenu en réunissant les nombres α_1, α_2, ..., α_r; β_1, β_2, ..., β_s, et j'écrirai

$$(\mathfrak{a}, \mathfrak{b}) = (\alpha_1, \ldots, \alpha_r; \beta_1, \ldots, \beta_s).$$

Un idéal qui contient tous les nombres de la forme $\lambda \alpha$ et ne contient que ces nombres où λ désigne un nombre entier quelconque appartenant au corps et α un nombre entier déterminé du corps est dit un *idéal principal*: on le désigne par (α), ou plus brièvement par α, dans le cas où il ne peut être confondu avec le nombre α.

Tout nombre α de l'idéal $\mathfrak{a} = (\alpha_1, \ldots, \alpha_r)$ est dit *congru* à o, suivant l'idéal $\mathfrak{a}$

$$\alpha \equiv 0 \qquad (\mathfrak{a}).$$

Lorsque la différence de α et β est congrue à o d'après $\mathfrak{a}$, on dit que α et β sont congrus suivant $\mathfrak{a}$; on écrit

$$\alpha \equiv \beta \qquad (\mathfrak{a});$$

sinon on dit qu'ils sont *incongrus;* on écrit

$$\alpha \not\equiv \beta \qquad (\mathfrak{a}).$$

Lorsqu'on multiplie chaque nombre d'un idéal $\mathfrak{a} = (\alpha_1, \ldots, \alpha_r)$ par chaque nombre d'un idéal $\mathfrak{b} = (\beta_1, \beta_2, \ldots, \beta_s)$ et que l'on combine linéairement les nombres ainsi obtenus au moyen de coefficients algébriques du corps, le nouvel idéal obtenu se nomme le *produit des deux idéaux* $\mathfrak{a}$ et $\mathfrak{b}$, c'est-à-dire

$$\mathfrak{ab} = (\alpha_1\beta_1, \ldots, \alpha_r\beta_1, \ldots, \alpha_1\beta_s, \ldots, \alpha_r\beta_s).$$

Un idéal $\mathfrak{c}$ est dit *divisible* par l'idéal $\mathfrak{a}$, s'il existe un idéal $\mathfrak{b}$ tel que $\mathfrak{c} = \mathfrak{ab}$. Si $\mathfrak{c}$ est divisible par $\mathfrak{a}$, tous les nombres de $\mathfrak{c}$ sont congrus à o suivant l'idéal $\mathfrak{a}$.

On a relativement aux diviseurs d'un idéal le théorème suivant :

LEMME 1. — Un idéal $\mathfrak{j}$ n'est divisible que par un nombre limité d'idéaux.

Démonstration. — Que l'on forme la norme n d'un nombre quelconque $i(\not\equiv 0)$ de l'idéal $\mathfrak{j}$ et soit $\mathfrak{a}$ un diviseur de $\mathfrak{j}$, il est évident qu'alors le nombre rationnel entier $n \equiv 0$ suivant $\mathfrak{a}$. Supposons que les m nombres de base de $\mathfrak{a}$ soient de la forme

$$\alpha_1 = a_{11}\omega_1 + \ldots + a_{1m}\omega_m, \ldots, \alpha_m = a_{m1}\omega_1 + \ldots + a_{mm}\omega_m,$$

où $a_{11}, \ldots, a_{mm}$ sont des nombres entiers rationnels. Soient $a'_{11}, \ldots, a'_{mm}$ les plus petits restes possibles des nombres $a_{11}, \ldots, a_{mm}$ par n, on a :

$$\mathfrak{a} = (a_{11}\omega_1 + \ldots + a_{1m}\omega_m, \ldots, a_{m1}\omega_1 + \ldots + a_{mm}\omega_m)$$
$$= (a'_{11}\omega_1 + \ldots + a'_{1m}\omega_m, \ldots, a'_{m1}\omega_1 + \ldots + a'_{mm}\omega_m, n)$$

et cette dernière représentation de l'idéal $\mathfrak{a}$ montre l'exactitude de notre affirmation.

Un idéal différent de 1 et qui n'est divisible par aucun autre idéal que par lui-même et par l'unité est dit un *idéal premier.*

Deux idéaux sont dits *premiers* entre eux, si à part 1 ils ne sont divisibles en commun par aucun autre idéal.

Deux nombres entiers α et β, un nombre entier α et un idéal $\mathfrak{a}$ sont dits premiers si les idéaux principaux (α) et (β) ou si l'idéal principal (α) et $\mathfrak{a}$ sont premiers entre eux. [Dedekind[1].]

§ 5. — Un idéal n'est décomposable que d'une seule manière en idéaux premiers.

On a le fait fondamental :

Théorème 7. — Tout idéal $\mathfrak{j}$ peut être décomposé en un produit d'idéaux premiers et il ne peut l'être que d'une seule manière.

Dedekind a donné récemment une nouvelle exposition de sa démonstration. [Dedekind[1].] La démonstration de Kronecker repose sur la théorie (créée par lui) des formes algébriques appartenant à un corps. La signification de cette théorie se comprend mieux, si l'on établit d'abord les théorèmes de la théorie des idéaux : c'est alors que le lemme suivant rend de grands services.

Lemme 2. — Lorsque les coefficients de deux fonctions entières de la variable x :

$$F(x) = \alpha_1 x^r + \alpha_2 x^{r-1} + \dots,$$
$$G(x) = \beta_1 x^s + \beta_2 x^{s-1} + \dots$$

sont des nombres algébriques entiers et que les coefficients $\gamma_1, \gamma_2, \gamma_3, \dots$ du produit

$$F(x)G(x) = \gamma_1 x^{r+s} + \gamma_2 x^{r+s-1} + \dots$$

sont tous divisibles par le nombre entier ω, chacun des nombres $\alpha_1\beta_1, \alpha_1\beta_2, \dots, \alpha_2\beta_1, \alpha_2\beta_2,$ est divisible par ω. [Kronecker[19], Dedekind[7], Mertens[1], Harwitz[1,2].]

De ce lemme on déduit successivement [Hurwitz[1]] :

Théorème 8. — A chaque idéal donné $\mathfrak{a} = (\alpha, \alpha_1, \dots, \alpha_r)$, on peut faire correspondre un idéal $\mathfrak{b}$ tel que le produit $\mathfrak{a}\,\mathfrak{b}$ soit un idéal principal.

Démonstration. — Posons $F = \alpha_1 u_1 + \dots + \alpha_r u_r$ et formons le produit des $m - 1$ formes avec les coefficients conjugués

$$R = (\alpha'_1 u_1 + \dots + \alpha'_r u_r) \dots (\alpha_1^{(m-1)} u_1 + \dots + \alpha_r^{(m-1)} u_r) = \beta_1 f_1 + \dots + \beta_s f_s$$

où $f_1, \dots, f_s$ sont certaines puissances différentes ou des produits de puissances des $u_1, u_2, \dots, u_r$ et où $\beta_1, \beta_2, \dots, \beta_r$ sont des nombres entiers du corps K, $FR = nU$ où n est un nombre entier rationnel et U une puissance entière à coefficients entiers, dont les coefficients n'ont pas de diviseur commun. Il en résulte que $n \equiv 0$ suivant le produit des deux idéaux $\mathfrak{a}$ et $\mathfrak{b} = (\beta_1, \beta_2, \dots, \beta_s)$. Le lemme 2 nous montre que chaque nombre $\alpha_i \beta_h$ est divisible par n ; en appliquant ce lemme (2) aux deux fonctions obtenues lorsque dans F et R on pose

$$u_1 = x, \quad u_2 = x^{m+1}, \quad u_3 = x^{(m+1)^2}, \quad \dots, \quad u_r = x^{(m+1)^{r-1}}.$$

On a donc

$$\mathfrak{a}\,\mathfrak{b} = n.$$

Théorème 9. — Si l'on a pour les trois idéaux $\mathfrak{a}\,\mathfrak{b}\,\mathfrak{c}$, $\mathfrak{a}\mathfrak{c} = \mathfrak{b}\mathfrak{c}$, on a aussi

$$\mathfrak{a} = \mathfrak{b}.$$

Démonstration. — Soit $\mathfrak{m}$ un idéal tel que $\mathfrak{c}\mathfrak{m}$ soit un idéal principal (α) d'après l'hypothèse

$$\mathfrak{a}\mathfrak{c}\mathfrak{m} = \mathfrak{b}\mathfrak{c}\mathfrak{m},$$
$$\alpha\mathfrak{a} = \alpha\mathfrak{b},$$

et par suite

$$\mathfrak{a} = \mathfrak{b}.$$

Théorème 10. — Si tous les nombres d'un idéal $\mathfrak{c}$ sont $\equiv 0$ suivant $\mathfrak{a}$, $\mathfrak{c}$ est divisible par $\mathfrak{a}$.

Démonstration. — Si $\mathfrak{a}\mathfrak{m}$ est égal à l'idéal principal (α), tous les nombres $\mathfrak{m}\mathfrak{c}$ sont divisibles par α et par suite il existe un idéal tel que

$$\mathfrak{m}\mathfrak{c} = \alpha\mathfrak{b},$$

et par suite

$$\mathfrak{a}\mathfrak{m}\mathfrak{c} = \alpha\mathfrak{a}\mathfrak{b},$$
$$\alpha\mathfrak{c} = \alpha\mathfrak{a}\mathfrak{b},$$
$$\mathfrak{c} = \mathfrak{a}\mathfrak{b}.$$

Théorème 11. — Lorsque le produit de deux idéaux $\mathfrak{a}\mathfrak{b}$ est divisible par un idéal premier $\mathfrak{p}$, l'un des deux idéaux $\mathfrak{a}$ ou $\mathfrak{b}$ est divisible par $\mathfrak{p}$.

Démonstration. — Si $\mathfrak{a}$ n'est pas divisible par $\mathfrak{p}$, l'idéal $(\mathfrak{a}, \mathfrak{p})$ est différent de $\mathfrak{p}$ et de plus contenu dans $\mathfrak{p}$, c'est-à-dire $= 1$; d'après cela, on aurait $1 = \alpha + \pi$, où α est un nombre de $\mathfrak{a}$ et π un nombre de $\mathfrak{p}$; en multipliant par un nombre quelconque β de $\mathfrak{b}$, on aurait $\beta = \alpha\beta + \pi\beta \equiv \alpha\beta$ suivant $\mathfrak{p}$ par hypothèse, $\alpha\beta \equiv 0$ suivant $\mathfrak{p}$, par suite aussi $\beta \equiv 0$ suivant $\mathfrak{p}$.

Dès lors on démontre le théorème fondamental 7 de la théorie des idéaux ainsi qu'il suit :

Si $\mathfrak{j}$ n'est pas un idéal premier, on a $\mathfrak{j} = \mathfrak{a}\mathfrak{b}$ où $\mathfrak{a}$ est un diviseur de $\mathfrak{j}$ différent de $\mathfrak{j}$ et de 1. Si l'un des facteurs $\mathfrak{a}$ ou $\mathfrak{b}$ n'est pas un idéal premier, nous le représenterons lui-même comme un produit d'idéaux et nous aurons $\mathfrak{j} = \mathfrak{a}'\mathfrak{b}'\mathfrak{c}'$ et nous continuerons ainsi. Nous ne pourrons pas continuer indéfiniment, car, d'après le lemme 1, un idéal n'admet qu'un nombre fini de diviseurs. Soit r ce nombre, $\mathfrak{j}$ ne peut être le produit de plus de r facteurs, car si

$$\mathfrak{j} \text{ était} = \mathfrak{a}_1 \times \mathfrak{a}_2 \times \ldots \times \mathfrak{a}_{r+1}$$

il serait divisible par les $r + 1$ idéaux différents

$$\mathfrak{a}_1, \quad \mathfrak{a}_2, \quad \ldots, \quad \mathfrak{a}_{r+1}.$$

3

La représentation

$$\mathfrak{j} = \mathfrak{p}\mathfrak{q}\ldots\mathfrak{l}$$

n'est possible que d'une seule manière, car si l'on avait

$$\mathfrak{j} = \mathfrak{p}'\mathfrak{q}'\ldots\mathfrak{l}',$$

$\mathfrak{j}$ serait divisible par $\mathfrak{p}'$, et par suite aussi l'un des facteurs du premier produit (théorème 11) on aurait $\mathfrak{p} = \mathfrak{p}'$, et par suite d'après le théorème 9

$$\mathfrak{q}\ldots\mathfrak{l} = \mathfrak{q}'\ldots\mathfrak{l}';$$

on continuerait de la même manière.

Nous déduirons du théorème fondamental :

Théorème 12. — Tout idéal $\mathfrak{j}$ d'un corps k peut être représenté comme le plus grand commun diviseur de deux nombres entiers du corps $\varkappa$ et ρ.

Démonstration. — Soit $\varkappa$ un nombre divisible par $\mathfrak{j}$ et ρ un nombre divisible par $\mathfrak{j}$, mais tels que $\dfrac{\varkappa}{\mathfrak{j}}$ et $\dfrac{\rho}{\mathfrak{j}}$ soient premiers entre eux, on a $\mathfrak{j} = (\varkappa, \rho)$.

§ 6. — Les formes des corps algébriques et leurs contenus.

La théorie des formes de Kronecker [Kronecker[16]] exige d'autres formations :

Une fonction entière rationnelle F d'un nombre quelconque de variables, dont les coefficients sont des nombres algébriques entiers du corps k, est dite une *forme du corps k*. Si l'on substitue dans la forme F aux coefficients successivement tous leurs nombres conjugués et si l'on fait le produit des *formes conjuguées* ainsi obtenues F', ..., F^{m-1} et de la forme F, on obtient une forme entière des variables u, v, ..., dont les coefficients sont des entiers rationnels; prenons-la sous la forme $nU(u, v, \ldots)$, où n est un entier rationnel et U une fonction entière rationnelle, dont les coefficients sont des entiers rationnels sans diviseur commun, n s'appelle la *norme de la forme* F. Lorsque la norme n est égale à 1, la forme se nomme une *forme unité*. Une fonction entière, dont les coefficients sont des entiers rationnels sans diviseur commun, est dite *forme unité rationnelle*. Deux formes sont dites *équivalentes* (ce qui s'exprime par le signe $\sim$) lorsque leur quotient est égal au quotient de deux formes unités (¹); en particulier, toute forme unité ~ 1. Une forme H est dite *divisible* par une forme G s'il existe une forme G telle que $H \sim FG$. Une forme P est dite une *forme première* lorsque P, dans le sens restreint, n'est divisible que par elle-même et par 1.

Le rapport de la théorie des formes de Kronecker avec la théorie des idéaux

---

(¹) Kronecker emploie l'expression « équivalente au sens restreint ».

devient claire par la remarque que de chaque idéal $\mathfrak{a} = (\alpha_1, \ldots, \alpha_r)$ on peut tirer une forme F, et cela en multipliant les nombres $\alpha_1, \ldots, \alpha_r$ par des produits différents de puissances d'indéterminées u, v, ... et en additionnant ces produits. Réciproquement, chaque forme de coefficients $\alpha_1, \ldots \alpha_r$ fournit un idéal $\mathfrak{a} = (\alpha_1, \ldots, \alpha_r)$. C'est cet idéal que l'on nomme *contenu* de la forme F.

On a alors :

THÉORÈME 13. — Le contenu du produit de deux formes est égal au produit de leurs contenus.

Démonstration. — Soient F et G des formes d'un nombre quelconque de variables et soient $\alpha_1, \ldots, \alpha_r$ et $\beta_1, \ldots, \beta_s$ leurs coefficients respectifs. Soit H = FG une forme de coefficients $\gamma_1, \ldots, \gamma_t$. De plus, soit $\mathfrak{p}^a$ la plus haute puissance de l'idéal premier $\mathfrak{p}$ contenu dans $\mathfrak{a} = (\alpha_1, \ldots, \alpha_r)$ et $\mathfrak{p}^b$ la plus haute puissance de $\mathfrak{p}$ contenu dans $\mathfrak{b} = (\beta_1, \ldots, \beta_s)$. Supposons qu'on ait ordonné les termes de F et de G d'après les puissances décroissantes de u, puis les termes contenant les mêmes puissances de a d'après les puissances décroissantes de v, et ainsi de suite. Soit alors $\alpha u^h v^l$ ... le premier terme de F dont le coefficient n'est pas divisible par une puissance de $\mathfrak{p}$ supérieure à la $a^{\text{ème}}$, et, d'autre part, $\beta u^{h'} v^{l'}$ ... le premier terme de b dont le coefficient n'est pas divisible par une puissance de $\mathfrak{p}$ supérieure à la $b^{\text{ème}}$, il est évident que le coefficient γ du terme $\gamma u^{h+h'} v^{l+l'}$... de H ne sera pas divisible par une puissance de $\mathfrak{p}$ supérieure à la $(a+b)^{\text{ème}}$. Tous les autres coefficients de H seront certainement divisibles par $\mathfrak{p}^{a+b}$. Il en résulte que

$$(\alpha_1, \ldots, \alpha_r)(\beta_1, \ldots, \beta_s) = (\gamma_1, \ldots, \gamma_t).$$

De 13 il résulte facilement que toute forme unité a pour contenu 1, et que réciproquement toute forme dont les coefficients ont pour plus grand commun diviseur idéal l'unité est une forme unité. Il en résulte aussi que deux formes équivalentes ont le même contenu et que toutes les formes de même contenu sont équivalentes.

On a d'autres conséquences du théorème 13.

THÉORÈME 14. — A toute forme donnée F on peut adjoindre une forme R telle que le produit FR soit égal à un nombre entier.

THÉORÈME 15. — Lorsque le produit de deux formes est divisible par une forme première, l'une des formes au moins est divisible par P.

THÉORÈME 16. — Toute forme peut être (dans le sens de l'équivalence) décomposée en produit de formes premières et ne peut l'être que d'une manière. Ces théorèmes sont parallèles aux théorèmes 8 et 11 et au théorème 7, théorème fondamental de la théorie des idéaux.

A part les méthodes suivies par Dedekind et Kronecker, il existe encore deux méthodes plus simples pour démontrer le théorème fondamental 7; la théorie des nombres de Galois est la base de l'une. Voir § 36. [Hilbert[12].]

La deuxième méthode est fondée sur ce théorème que les idéaux d'un corps se répartissent en un nombre limité de classes. L'idée principale de la démonstration de ce théorème peut être considérée comme la généralisation de la marche suivie pour déterminer le plus grand commun diviseur de deux nombres, d'après la méthode d'Euclide. [Hurwitz[3].]

CHAPITRE III.

Les congruences suivant les idéaux.

§ 7. — LA NORME D'UN IDÉAL ET SES PROPRIÉTÉS.

La théorie exposée au chapitre II sur la décomposition des idéaux en facteurs nous permet d'étendre la théorie des nombres rationnels aux nombres d'un corps algébrique.

Nous exposerons d'abord les notions et les théorèmes suivants :

Le nombre des entiers incongrus l'un à l'autre suivant l'idéal $\mathfrak{a}$ d'un corps k est dit la *norme de l'idéal* $\mathfrak{a}$; il s'écrit $n(\mathfrak{a})$.

THÉORÈME 17. — La norme de l'idéal premier $\mathfrak{p}$ est une puissance du nombre rationnel p divisible par $\mathfrak{p}$.

Démonstration. — Soient les f nombres entiers $\omega_1, \ldots, \omega_f$ d'une base du corps k indépendants l'un de l'autre, en ce sens qu'entre ces nombres il n'existe aucune congruence de la forme

$$a_1\omega_1 + \ldots + a_f\omega_f \equiv 0 \qquad (\mathfrak{p})$$

où $a_1, \ldots, a_f$ sont des entiers rationnels non tous divisibles par p, et supposons de plus que chacun des $m - f$ autres nombres de la base soit congru à une expression de la forme

$$a_1\omega_1 + \ldots + a_f\omega_f$$

suivant le module $\mathfrak{p}$; cette expression pourra être congrue suivant $\mathfrak{p}$ à un nombre quelconque, et le nombre des nombres incongrus suivant $\mathfrak{p}$ sera $\mathfrak{p}^f$; f est dit le degré de l'idéal premier $\mathfrak{p}$.

THÉORÈME 18. — La norme du produit $\mathfrak{a}\mathfrak{b}$ de deux idéaux est égal au produit de leurs normes.

Démonstration. — Soit α un nombre divisible par $\mathfrak{a}$ tel que $\dfrac{\alpha}{\mathfrak{a}}$ soit un idéal premier avec $\mathfrak{b}$. Si ξ parcourt un système de $n(\mathfrak{a})$ nombres incongrus suivant $\mathfrak{a}$, et η un système de $n(\mathfrak{b})$ nombres incongrus suivant $\mathfrak{b}$, le nombre $\alpha\eta + \xi$ représentera un système complet de nombres incongrus suivant $\mathfrak{a}\mathfrak{b}$; un pareil système comprend $n(\mathfrak{a})\, n(\mathfrak{b})$ nombres.

THÉORÈME 19. — Lorsque

$$i_1 = a_{11}\,\omega_1 + \ldots + a_{1m}\,\omega_m,$$
$$\cdots\cdots\cdots\cdots\cdots\cdots$$
$$i_m = a_{m1}\,\omega_1 + \ldots + a_{mm}\,\omega_m$$

représente une base de l'idéal $\mathfrak{a}$, la norme $n(\mathfrak{a})$ est égale à la valeur absolue du déterminant des coefficients a.

Démonstration. — Mettons la base de l'idéal sous la forme trouvée dans la démonstration du théorème 6, où tous les coefficients a_{rs} sont $= 0$ pour $s > r$, le déterminant des coefficients est alors

$$a_{11}\,a_{22}\ldots a_{mm}.$$

D'autre part, l'expression

$$u_1\,\omega_1 + \ldots + u_m\,\omega_m$$

où

$$u_1 = 0,\quad 1,\quad \ldots,\quad a_{11}-1,\quad \ldots,\quad u_m = 0,\quad 1,\quad \ldots,\quad a_{mm}-1$$

représente un système complet de nombres incongrus à $\mathfrak{a}$, ce qui démontre le théorème 19. De plus, on voit que la réciproque est vraie. Les rapports de ce qui précède avec la théorie des formes de Kronecker résultent du

THÉORÈME 20. — Soit F une forme qui a pour contenu $\mathfrak{a}$, la norme de la forme F est égale à la norme de l'idéal $\mathfrak{a}$, c'est-à-dire $n(F) = n(\mathfrak{a})$. En particulier, la norme d'un entier α est égale à la valeur absolue de la norme de l'idéal principal $\mathfrak{a} = (\alpha)$.

Démonstration. — Soient $i_1, \ldots, i_m$ une base de l'idéal $\mathfrak{a}$; construisons une forme F

$$F = i_1 u_1 + \ldots + i_m u_m;$$

alors

$$\omega_1\, F = l_{11}\, i_1 + \ldots + l_{1m}\, i_m,$$
$$\cdots\cdots\cdots\cdots\cdots\cdots$$
$$\omega_m\, F = l_{m1}\, i_1 + \ldots + l_{mm}\, i_m$$

où $l_{11}, \ldots, l_{mm}$ sont les formes linéaires des $u_1, \ldots, u_m$ à coefficients entiers et rationnels. Nous démontrerons tout d'abord que le déterminant $[l_{rs}]$ des formes $l_{11}, \ldots, l_{mm}$ est une forme unité rationnelle.

En effet, car si au contraire tous les coefficients du déterminant $[l_{rs}]$ étaient divisibles par un nombre premier p, il exciterait au moins m formes $L_1, \ldots, L_m$, dont les coefficients sont des entiers rationnels, non tous divisibles par p, et tels que

$$L_1 l_{11} + \ldots + L_m l_{m1} \equiv 0 \qquad (p),$$
$$\cdots \cdots \cdots \cdots$$
$$L_1 l_{1m} + \ldots + L_m l_{mm} \equiv 0 \qquad (p).$$

Il en résulterait

$$(L_1 \omega_1 + \ldots + L_m \omega_m) F \equiv 0, \qquad (p\mathfrak{a})$$

c'est-à-dire que le produit $\mathfrak{l}\mathfrak{a}$ serait divisible par $p\mathfrak{a}$ où $\mathfrak{l}$ désigne le contenu de la forme $L_1 \omega_1 + \ldots + L_m \omega_m$, et par suite $\mathfrak{l}$ serait divisible par p, ce qui n'est pas possible, car un nombre de la forme $a_1 \omega_1 + \ldots + a_m \omega_m$ où $a_1, \ldots, a_m$ sont des entiers rationnels ne peut être divisible par p que si tous les coefficients $a_1, \ldots, a_m$ le sont.

D'après le théorème de la multiplication des déterminants

$$
\begin{vmatrix} \omega_1 F, & \ldots, & \omega_m F \\ \omega_1' F', & \ldots, & \omega_m' F' \\ \cdots & & \cdots \\ \omega_1^{(m-1)} F^{(m-1)}, & \ldots, & \omega_m^{(m-1)} F^{(m-1)} \end{vmatrix}
=
\begin{vmatrix} l_{11}, & \ldots, & l_{1m} \\ l_{21}, & \ldots, & l_{2m} \\ \cdots & & \cdots \\ l_{m1}, & \ldots, & l_{mm} \end{vmatrix}
\times
\begin{vmatrix} i_1, & \ldots, & i_m \\ i_1', & \ldots, & i_m' \\ \cdots & & \cdots \\ i_1^{(m-1)}, & \ldots, & i_m^{(m-1)} \end{vmatrix}
$$

et en divisant par le facteur

$$
\begin{vmatrix} \omega_1, & \ldots, & \omega_m \\ \omega_1', & \ldots, & \omega_m' \\ \cdots & & \cdots \\ \omega_1^{(m-1)}, & \ldots, & \omega_m^{(m-1)} \end{vmatrix}
$$

on a la relation

$$FF' \ldots F^{m-1} \backsimeq n(\mathfrak{a}),$$
$$n(F) = n(\mathfrak{a}).$$

La deuxième partie du théorème est évidente pour $F = \alpha$.

Si l'on applique à tous les nombres $\alpha_1, \alpha_2, \ldots$ de l'idéal $\mathfrak{a}$ la substitution $t' = (\theta : \theta')$, l'idéal $\mathfrak{a}'$ qui résulte de l'idéal $\mathfrak{a}$ par la substitution t', $\mathfrak{a} = (t'\alpha_1, t'\alpha_2 \ldots)$, s'appelle *l'idéal conjugué* de $\mathfrak{a}$.

Si l'on considère le corps composé de $k, k', \ldots, k^{m-1}$, les théorèmes 18 et 20 nous apprennent que le produit de $\mathfrak{a}$ et de tous les idéaux conjugués à $\mathfrak{a}$ est égal à un nombre entier rationnel $n(\mathfrak{a})$.

De là découle une nouvelle définition de la norme d'un idéal $\mathfrak{a}$ qui correspond à la définition de la norme d'un nombre entier et qui est susceptible d'une importante généralisation. (Voir § 14.)

Théorème 21. — Dans tout idéal j il existe deux nombres dont les normes ont pour plus grand diviseur la norme de j.

Démonstration. — Soit $a = n(j)$ et soit α un nombre de j tel que $\dfrac{\alpha}{j}$ soit premier avec a. Alors si $\alpha', \ldots, \alpha^{m-1}$ sont les nombres conjugués de α et $j', \ldots, j^{m-1}$ les idéaux conjugués de j, $\dfrac{\alpha'}{j'}, \ldots, \dfrac{\alpha^{m-1}}{j^{m-1}}$ et par suite $\dfrac{n(\alpha)}{n(j)} = \dfrac{n(\alpha)}{a}$ seront premiers avec a, c'est-à-dire que

$$n(j) = a = \big(a^m,\, n(\alpha)\big) = \big(n(a),\, n(\alpha)\big).$$

§ 8. — Le théorème de Fermat dans la théorie des idéaux et la fonction $\varphi(\alpha)$.

En s'appuyant sur les mêmes conclusions que dans la théorie des nombres rationnels, on obtient le fait suivant correspondant au théorème de Fermat. [Dedekind[1].]

Théorème 22. — Si $\mathfrak{p}$ est un idéal premier de degré f, tout nombre entier ω du corps satisfait à la congruence

$$\omega^{p^f} \equiv \omega, \qquad (\mathfrak{p}).$$

Le théorème de Fermat généralisé se transporte aussi facilement dans la théorie des corps. On démontre sans peine les théorèmes suivants. [Dedekind[1].]

Théorème 23. — Le nombre des nombres incongrus suivant l'idéal $\mathfrak{a}$ et premier avec $\mathfrak{a}$ est

$$\varphi(\mathfrak{a}) = n(\mathfrak{a})\left(1 - \frac{1}{n(\mathfrak{p}_1)}\right)\left(1 - \frac{1}{n(\mathfrak{p}_2)}\right) \cdots \left(1 - \frac{1}{n(\mathfrak{p}_r)}\right)$$

où $\mathfrak{p}_1, \mathfrak{p}_2, \ldots, \mathfrak{p}_r$ sont les idéaux premiers différents qui divisent $\mathfrak{a}$. On a pour le nombre φ les formules

$$\varphi(\mathfrak{a})\,\varphi(\mathfrak{b}) = \varphi(\mathfrak{a}\mathfrak{b}),$$

bien entendu si $\mathfrak{a}$ et $\mathfrak{b}$ sont premiers entre eux :

$$\Sigma\,\varphi(\mathfrak{t}) = n(\mathfrak{a});$$

dans cette dernière formule la sommation s'étend à tous les idéaux $\mathfrak{t}$ diviseurs de $\mathfrak{a}$.

Théorème 24. — Chaque nombre entier ω premier avec un idéal $\mathfrak{a}$ satisfait à la congruence

$$\omega^{\varphi(\mathfrak{a})} \equiv 1 \qquad (\mathfrak{a}).$$

Ainsi chaque nombre entier qui n'est pas divisible par un idéal premier de degré f satisfait à

$$\omega^{p^f(p^f-1)} \equiv 1 \qquad (\mathfrak{p}^2).$$

On a de plus les faits suivants :

24   D. HILBERT.

THÉORÈME 25. — Si $\mathfrak{a}_1, \ldots, \mathfrak{a}_r$ sont des idéaux premiers entre eux deux à deux et si $\alpha_1, \ldots, \alpha_r$ sont des entiers quelconques, il y a toujours un nombre entier ω satisfaisant aux congruences

$$\omega = \alpha_1, \quad (\mathfrak{a}_1), \quad \ldots, \quad \omega \equiv \alpha_r, \quad (\mathfrak{a}_r).$$

THÉORÈME 26. — Une congruence de degré r suivant l'idéal $\mathfrak{p}$ de la forme

$$\alpha x^r + \alpha_1 x^{r-1} + \ldots + \alpha_r \equiv 0 \qquad (\mathfrak{p})$$

où $\alpha, \alpha_1, \ldots, \alpha_r$ sont des nombres entiers, admet au plus r racines incongrues d'après $\mathfrak{p}$.

THÉORÈME 27. — Soit $\mathfrak{p}$ un idéal premier diviseur du nombre premier rationnel p et soit α une racine de la congruence

$$\alpha x^r + \alpha_1 x^{r-1} + \ldots + \alpha_r \equiv 0 \qquad (\mathfrak{p})$$

où $\alpha, \alpha_1, \ldots, \alpha_r$ sont des nombres entiers rationnels, α^p est aussi racine de cette congruence.

Démonstration. — Désignons le premier membre de la congruence par Fx; on a, d'après le théorème de Fermat, la congruence identique en x,

$$F(x^p) = \big(F(x)\big)^p \qquad \text{suivant } \mathfrak{p},$$

ce qui implique le théorème.

§ 9. — LES NOMBRES PRIMITIFS SUIVANT UN IDÉAL PREMIER.

Un nombre entier ρ du corps k est dit un nombre primitif *suivant l'idéal premier* $\mathfrak{p}$ si les $p^f - 1$ premières puissances de ce nombre représentent $p^f - 1$ nombres incongrus suivant $\mathfrak{p}$ premiers avec $\mathfrak{p}$. En procédant comme pour les nombres rationnels, on arrive facilement à démontrer les faits suivants.

THÉORÈME 28. — Il y a $\Phi(p^f - 1)$ nombres primitifs pour l'idéal premier $\mathfrak{p}$ où $\Phi(p^f - 1)$ désigne le nombre des restes rationnels incongrus suivant $p^f - 1$ et premiers avec $p^f - 1$.

On n'a pas encore développé une théorie des nombres primitifs pour les puissances d'un idéal premier $\mathfrak{p}$; mais on reconnaît sans peine les résultats suivants. [Dedekind[c].]

THÉORÈME 29. — Soit $\mathfrak{p}$ un idéal premier quelconque du corps k, on peut toujours trouver dans k un nombre ρ tel que tout autre nombre du corps soit congru à une certaine fonction de ρ à coefficients entiers rationnels suivant une puissance $\mathfrak{p}^l$ de l'idéal premier $\mathfrak{p}$, quel que soit l.

Démonstration. — Soit ρ^* un nombre primitif quelconque de $\mathfrak{p}$, il est évident que tous les nombres entiers sont congrus à certaines fonctions à coefficients entiers de ρ^* suivant $\mathfrak{p}$. Soit

$$P(\rho^*) \equiv 0 \qquad (\mathfrak{p})$$

la congruence de degré la moins élevée à laquelle satisfait ρ^*.

Si le degré de la fonction $P = f'$, aucune expression de la forme

$$a_1 + a_2 \rho^* + \ldots + a_{f'} \rho^{*f'-1}$$

à coefficients entiers a_1, a_2, ..., $a_{f'}$ ne peut être congrue à o d'après $(\mathfrak{p})$; à moins que tous ses coefficients a_1, a_2, ..., $a_{f'}$ ne soient congrus à o d'après p. Comme, d'autre part, tout nombre entier du corps est une expression de cette forme, il en résulte $f' = f$.

Dans le cas où $P(\rho^*) \equiv 0$ suivant $\mathfrak{p}^2$, on posera $\rho = \rho^* + \pi$, où π est divisible par $\mathfrak{p}$ et non par $\mathfrak{p}^2$. On a alors à cause de $\dfrac{dP(\rho^*)}{d\rho^*} \not\equiv 0$, suivant $\mathfrak{p}$ nécessairement,

$$P(\rho) = P(\rho^* + \pi) = P(\rho^*) + \pi \frac{dP(\rho^*)}{d\rho^*} \not\equiv 0, \qquad (\mathfrak{p}).$$

ρ est un nombre ayant la propriété demandée, car si α_1, α_2, ..., α_f parcourent toutes les expressions de la forme $a_1 + a_2 \rho + \ldots + a_f r^{f-1}$, où a_1, a_2, ..., a_f sont des nombres de la suite o, 1, ..., $p-1$, la somme $\alpha_1 + \alpha_2 P(\rho) + \ldots + \alpha_f [P(\rho)]^{f-1}$ représente des nombres incongrus par rapport à $\mathfrak{p}^f$, et comme il y a ici p^{f} nombres, on a épuisé les restes incongrus d'après $\mathfrak{p}^f$.

Il est évident que tout nombre congru à ρ suivant $\mathfrak{p}^2$ possède la même propriété. Nous utiliserons cette dernière circonstance pour représenter un idéal $\mathfrak{p}$.

THÉORÈME 3o. — Étant donné un idéal $\mathfrak{p}$ de degré f, il y a toujours dans le corps k un nombre ρ entier satisfaisant au théorème 29 et de plus tel que

$$\mathfrak{p} = \big(p,\ P(\rho)\big)$$

où $P(\rho)$ est une fonction entière de degré f de ρ à coefficients rationnels et entiers.

Démonstration. — Soit $p = \mathfrak{p}^f \mathfrak{a}$ où l'idéal $\mathfrak{a}$ n'est pas divisible par $\mathfrak{p}$. De plus, soit α un nombre entier non divisible par $\mathfrak{p}$ mais divisible par $\mathfrak{a}$. D'après le théorème 24, $\alpha^{p^f(p^f-1)} \equiv 1$ suivant $\mathfrak{p}^2$. Remplaçons le nombre ρ trouvé tout à l'heure par $\rho \alpha^{p^f(p^f-1)}$; le nombre ρ conserve sa propriété précédente; comme de plus le dernier coefficient de $P(\rho)$ n'est pas divisible par p, pour le nouveau nombre ρ $P(\rho)$ est premier avec $\mathfrak{a}$, de sorte que

$$\mathfrak{p} = \big(p,\ P(\rho)\big).$$

CHAPITRE IV.

Le discriminant du corps et ses diviseurs.

§ 10. — Le théorème relatif aux diviseurs du discriminant du corps.
Théorèmes auxiliaires pour les fonctions entières.

Le *discriminant* du corps k est défini par

$$\begin{vmatrix} \omega_1, & \ldots, & \omega_m \\ \omega_1', & \ldots, & \omega_m' \\ \cdot \cdot \cdot \cdot \cdot \cdot \cdot \\ \omega_1^{(m-1)}, & \ldots, & \omega_m^{(m-1)} \end{vmatrix}^2$$

où $\omega_1, \omega_2, \ldots, \omega_m$ est une base du corps; le discriminant est un nombre entier rationnel. La recherche des diviseurs idéaux de d a une importance fondamentale dans le développement de la théorie des corps. On a le théorème fondamental suivant :

Théorème 31. — Le discriminant d du corps contient comme facteurs premiers rationnels tous les nombres premiers rationnels divisibles par le carré d'un idéal premier et ne contient que ceux-là.

La démonstration de ce théorème présentait de sérieuses difficultés, Dedekind parvint à les surmonter pour la première fois. [Dedekind[6].]

Hensel a donné une deuxième démonstration de ce théorème qui complète sur un point important la théorie de Kronecker relative aux nombres algébriques. La démonstration de Hensel repose sur les concepts suivants créés par Kronecker. [Kronecker[16], Hensel[4].]

Soient $u_1, \ldots, u_m$ des indéterminées et $\omega_1, \ldots, \omega_m$ une base, la forme

$$\xi = \omega_1 u_1 + \ldots + \omega_m u_m$$

est dite la *forme fondamentale* du corps k; elle satisfait à l'équation en x,

$$(x - \omega_1 u_1 - \ldots - \omega_m u_m)(x - \omega_1' u_1 - \ldots - \omega_m' u_m) \ldots (x - \omega_1^{(m-1)} u_1 - \ldots - \omega_m^{(m-1)} u_m) = 0,$$

qu'on peut écrire

$$x^m + U_1 x^{m-1} + U_2 x^{m-2} + \ldots + U_m = 0$$

où $U_1, \ldots, U_m$ sont des fonctions de $u_1, \ldots, u_m$ à coefficients entiers et rationnels. Cette équation de degré m est dite l'*équation fondamentale*. Pour pouvoir opérer avec les concepts que l'on vient de définir, il est nécessaire d'étendre les théorèmes sur la décomposition des fonctions entières d'une variable x suivant un nombre rationnel premier p [Serret[1]] au cas plus général où les fonctions entières contiennent en plus de la variable x les m paramètres indéterminés $u_1, u_2, \ldots, u_m$.

Dans ce qui suit, nous entendrons toujours par *fonction à coefficients entiers* une fonction rationnelle entière de la variable et des indéterminées dont les coefficients sont des *nombres entiers rationnels*. De plus, nous dirons qu'une fonction entière $Z(x; u_1, \ldots, u_m)$ est *divisible* suivant p par une autre fonction entière X, s'il existe une troisième fonction entière Y, telle que la congruence

$$Z \equiv XY \qquad (p)$$

ait lieu identiquement par rapport aux variables $x, u_1, \ldots, u_m$.

Lorsqu'une fonction entière à coefficients entiers n'est divisible suivant le module p que par des fonctions congrues à un nombre rationnel ou à la fonction P elle-même suivant p, nous dirons que la fonction P est *irréductible suivant le module p*, ou encore qu'elle est *première suivant le module p (Primfunction)*.

Les théorèmes relatifs à la divisibilité se démontrent comme dans la théorie des fonctions d'une seule variable; nous ferons remarquer en particulier le théorème suivant que l'on démontre facilement par la récurrence euclidienne.

THÉORÈME 32. — Lorsque deux fonctions entières à coefficients entiers X et Y de $x, u_1, \ldots, u_m$ n'ont pas de diviseur commun suivant le module p, il existe une fonction U entière à coefficients entiers de $u_1, \ldots, u_m$ seulement non congrue à o suivant p, telle que

$$U \equiv AX + BY \qquad (p),$$

où A et B sont des fonctions convenablement calculées de $x, u_1, u_2, \ldots, u_m$.

Notre but est de décomposer le premier membre F de l'équation fondamentale en fonctions irréductibles suivant le module p. Nous démontrerons tout d'abord les lemmes suivants :

LEMME 3. — Soit $\mathfrak{p}$ un idéal premier diviseur de p et de degré f; on peut toujours construire une fonction $\Pi(x; u_1, u_2, \ldots, u_m)$ de degré f en x irréductible suivant p et qui, lorsqu'on y remplace x par la forme fondamentale ξ, a les propriétés suivantes : les coefficients des puissances et produits des $u_1, u_2, \ldots, u_m$ dans cette fonction sont tous divisibles par $\mathfrak{p}$ et ne le sont pas par $\mathfrak{p}^2$, et ils ne sont pas tous divisibles par un idéal premier différent de $\mathfrak{p}$ et diviseur de p.

Démonstration. — Soit $p = \mathfrak{p}^e \mathfrak{a}$, $\mathfrak{a}$ n'étant plus divisible par $\mathfrak{p}$. De plus, soit ρ une racine primitive de $\mathfrak{p}$ qui a les propriétés indiquées par les théorèmes 29 et 30, et soit $P(\rho)$ une fonction déterminée comme il a été dit, elle est entière à coefficients entiers de degré f, elle appartient à $\mathfrak{p}$ et telle que $\mathfrak{p} = (p, P(\rho))$.

$P(x)$ est irréductible suivant p, sans quoi ρ satisferait à une congruence suivant $\mathfrak{p}$ de degré inférieur à f. Posons

$$\rho = a_1 \omega_1 + \ldots + a_m \omega_m$$

où $a_1, \ldots, a_m$ sont des entiers rationnels, et nous admettrons que le coefficient de ρ^f dans $P(\rho)$ est $= 1$. Comme on a

$$P(\rho) \equiv 0 \qquad (\mathfrak{p})$$

d'après le théorème 27, on a aussi

$$P(\rho^p) \equiv 0, \quad P(\rho^{p^2}) \equiv 0, \quad \ldots, \quad P(\rho^{p^{f-1}}) \equiv 0 \qquad (\mathfrak{p}),$$

c'est-à-dire que la congruence $P(x) \equiv 0 \ (\mathfrak{p})$ admet les f racines incongrues

$$\rho, \rho^p, \ldots, \rho^{p^{f-1}}$$

et on a identiquement

$$P(x) \equiv (x - \rho)(x - \rho^p) \ldots (x - \rho^{p^{f-1}}) \qquad (\mathfrak{p}),$$

c'est-à-dire que les fonctions symétriques élémentaires de $\rho, \rho^p, \ldots, \rho^{p^{f-1}}$ sont congrues suivant $\mathfrak{p}$ à certains nombres entiers rationnels.

Comme tout nombre entier du corps k est congru suivant $\mathfrak{p}$ à une fonction entière à coefficients entiers de ρ, nous pouvons poser

$$\xi \equiv L(\rho ; u_1, \ldots ; u_m)$$

suivant $\mathfrak{p}$, L fonction à coefficients entiers de $\rho, u_1, u_2, \ldots, u_m$.

D'après ce qu'on vient de lire, l'expression

$$[x - L(\rho ; u_1, \ldots, u_m)][x - L(\rho^p ; u_1, \ldots, u_m)] \ldots [x - L(\rho^{p^{f-1}} ; u_1, \ldots, u_m)]$$

est congrue suivant $\mathfrak{p}$ à une fonction entière à coefficients entiers de $x, u_1, u_2, \ldots, u_m$; nous la mettrons sous la forme

$$\Pi(x ; u_1, \ldots, u_m) = x^f + V_1 x^{f-1} + \ldots + V_f$$

où $V_1, \ldots, V_f$ sont des fonctions entières à coefficients entiers de $u_1, u_2, \ldots, u_m$. Il est évident que ξ mis à la place de x satisfait à

$$\Pi(x ; u_1, \ldots, u_m) \equiv 0 \qquad (\mathfrak{p}).$$

Comme la fonction $\Pi(x ; u_1, \ldots, u_m) \equiv P(x)$ suivant $\mathfrak{p}$, il en résulte que

$$\mathfrak{p} = \big(p, \Pi(\rho ; u_1, \ldots, u_m)\big)$$

et que par suite les coefficients des puissances et produits de $u_1, \ldots, u_m$ dans $\Pi(\xi ; u_1, \ldots, u_m)$ ne sont pas tous divisibles par $\mathfrak{p}^2$ et pas tous par un idéal premier différent de $\mathfrak{p}$ et contenu dans $\mathfrak{a}$.

LEMME 4. — Toute fonction entière $\Phi(x; u_1, \ldots, u_m)$ à coefficients entiers qui est identiquement congrue à o $(\mathfrak{p})$ lorsqu'on remplace x par la forme fondamentale ξ est divisible suivant p par la fonction $\Pi(x; u_1, \ldots, u_m)$.

Démonstration. — Dans le cas contraire, Φ et Π n'aurait pas de diviseur commun suivant p, et d'après le théorème 32 il y aurait une fonction U à coefficients entiers des suites variables $u_1, u_2, \ldots, u_m$ non congrue à zéro suivant p, telle que

$$U \equiv A\Phi + B\Pi \qquad \text{suivant } \mathfrak{p},$$

A et B étant des fonctions à coefficients entiers de $x, u_1, u_2, \ldots, u_m$. D'après cela, en remplaçant x par ξ, on aurait $U \equiv o$ suivant $\mathfrak{p}$ et par suite suivant p, ce qui est contraire à l'hypothèse.

LEMME 5. — Si Φ est une fonction à coefficients entiers de $x, u_1, \ldots, u_m$ qui devient identiquement congrue à o suivant $\mathfrak{p}^e$ pour $x = \xi$, Φ est divisible suivant p par Π^e.

Démonstration. — Posons $\Phi \equiv \Pi^{e'} F$ suivant $\mathfrak{p}$ où $e' < e$ et F une fonction à coefficients entiers de $x, u_1, u_2, \ldots, u_m$ qui n'est plus divisible par Π suivant p; il en résulte que tous les coefficients des puissances et produits de $u_1, \ldots, u_m$ dans

$$\left\{ \Pi(\xi; u_1, \ldots, u_m) \right\}^{e'} F(\xi; u_1, \ldots, u_m)$$

sont divisibles par $\mathfrak{p}^e$. Ordonnons $\Pi(\xi; u_1, \ldots, u_m) F(\xi; u_1, \ldots, u_m)$ par rapport aux puissances décroissantes de u_1 et les coefficients des puissances de u_1 par rapport aux puissances décroissantes de u_2 et ainsi de suite. Soit π le premier coefficient dans Π qui n'est pas divisible par $\mathfrak{p}^e$ et en même temps par χ le premier coefficient de F qui n'est pas divisible par $\mathfrak{p}$, on aurait $\pi^{e'}\chi \equiv o$ suivant $\mathfrak{p}^e$, ce qui n'est pas possible; c'est-à-dire que tous les coefficients de F sont divisibles par $\mathfrak{p}$, et il en résulte d'après le lemme précédent que $F(x; u_1, \ldots, u_m)$ est encore divisible par $\Pi(x; u_1, \ldots, u_m)$ suivant $\mathfrak{p}$. Ce qui est contraire à l'hypothèse.

§ 11. — LA DÉCOMPOSITION DU PREMIER MEMBRE DE L'ÉQUATION FONDAMENTALE.
LE DISCRIMINANT DE L'ÉQUATION FONDAMENTALE.

Des lemmes 3, 4 et 5, nous tirerons :

THÉORÈME 33. — Si p décomposé en idéaux premiers donne $p = \mathfrak{p}^e\mathfrak{p}'^{e'}\ldots$, on a, pour le premier nombre de l'équation fondamentale au sens de la congruence suivant p,

$$F \equiv \Pi^e \Pi'^{e'} \ldots \qquad (p)$$

où Π, Π' représentent certaines fonctions irréductibles suivant p de x; u_1, u_2, ..., u_m; de plus, on peut poser

$$F = \Pi^e \Pi'^{e'} \ldots + pG$$

où G est une fonction entière à coefficients entiers contenant les variables x; u_1, u_2, ..., u_m, et qui n'est divisible suivant p par aucune des fonctions irréductibles Π, Π'...

Théorème 34. — La congruence de degré m résultant de l'équation fondamentale

$$F(x; u_1, \ldots, u_m) \equiv 0 \qquad (p)$$

est la congruence de degré le moins élevée suivant p à laquelle satisfait la forme fondamentale ξ mise à la place de x.

Démonstration. — Soit Φ une fonction entière à coefficients entiers de x, u_1, u_2, ..., u_m telle que ξ satisfasse à $\Phi(x) \equiv 0$ suivant p, ξ étant la forme fondamentale. De plus, soient $\mathfrak{p}$, $\mathfrak{p}'$ ... les idéaux qui divisent p de degrés respectifs f, f' ... Si l'on forme la norme, on a $p^m = p^{fe + f'e' + \cdots}$, c'est-à-dire $m = fe + f'e' + \ldots$

De plus, soient Π, Π' ... les fonctions irréductibles relatives aux idéaux $\mathfrak{p}$, $\mathfrak{p}'$ ... qui ont été employées dans les lemmes précédentes. Du lemme (5) nous pouvons conclure que

$$\Phi \equiv \Pi^e \Pi'^{e'} \ldots \Psi \qquad (p)$$

où Ψ est une fonction entière. Comme Π, Π' sont de degrés f, f' ... en x, il en résulte que Φ est au moins de degré m, et cette circonstance nous donne, en prenant pour Φ le premier membre F de l'équation fondamentale, la première partie du théorème 33 et le théorème 34.

Si enfin $G(x)$ était divisible par $\Pi(x)$ suivant p, ξ mis à la place de x satisferait à $G(x) \equiv 0$ $(\mathfrak{p})$ et par suite ξ satisferait à la congruence $\Pi^e(x)\,\Pi'^{e'}(x) \ldots \equiv 0$ suivant $\mathfrak{p}^{e+1}$, ce qui n'est pas possible d'après le lemme (5), ce qui démontre la deuxième partie du théorème 33.

Les faits que nous venons d'établir entraînent une suite d'importants théorèmes relatifs aux discriminants.

Théorème 35. — Le plus grand facteur numérique du discriminant de l'équation fondamentale est égal au discriminant du corps.

Démonstration. — Posons

$$(2) \qquad \begin{cases} 1 = U_{11}\,\omega_1 + \ldots + U_{1m}\,\omega_m, \\ \xi = U_{21}\,\omega_1 + \ldots + U_{2m}\,\omega_m, \\ \cdots\cdots\cdots\cdots\cdots \\ \xi^{m-1} = U_{m1}\,\omega_1 + \ldots + U_{mm}\,\omega_m, \end{cases}$$

où des U_{ik} sont des fonctions entières à coefficients entiers de u_i, ..., u_m. Si le déterminant U de ces m^2 fonctions était une fonction dont tous les coefficients sont divisibles par p (nombre premier), il existerait V_i, ..., V_m fonctions entières à coefficients entiers de u_i, ..., u_m non congrues entre elles suivant p et telles que l'on ait identiquement en u_i, ..., u_m :

$$V_i U_{ii} + \ldots + V_m U_{mi} \equiv 0, \qquad (p)$$

$$\cdots\cdots\cdots\cdots\cdots\cdots$$

$$V_i U_{im} + \ldots + V_m U_{mm} \equiv 0; \qquad (p)$$

par suite, la forme fondamentale ξ satisferait à la congruence

$$V_i + V_2 \xi + \ldots + V_m \xi^{m-1} \equiv 0 \qquad (p)$$

qui est de degré inférieur à m, ce qui est impossible d'après le théorème (34).

Il en résulte que U est une forme rationnelle unité. Les équations (2) et le théorème relatif à la multiplication des déterminants nous donnent.

$$\begin{vmatrix} 1, & \xi, & \ldots, & \xi^{m-1}_i \\ 1, & \xi', & \ldots, & \xi'^{m-1} \\ \cdots & \cdots & \cdots & \cdots \\ 1, & \xi^{(m-1)}, & \ldots, & (\xi^{(m-1)})^{m-1} \end{vmatrix} = U \begin{vmatrix} \omega_1, & \ldots, & \omega_m \\ \omega'_1, & \ldots, & \omega'_m \\ \cdots & \cdots & \cdots \\ \omega_1^{(m-1)}, & \ldots, & \omega_m^{(m-1)} \end{vmatrix}$$

En élevant au carré $d(\xi) = U^2 d$, $d(\xi) \sim d$ où $d(\xi)$ désigne le discriminant de l'équation fondamentale et d le discriminant du corps.

En résolvant les équations (2) on a le résultat suivant :

Théorème 36. — Tout nombre entier du corps k est égal à une fonction rationnelle entière de degré $m - 1$ de la forme fondamentale ξ et les coefficients de cette fonction sont des fonctions entières à coefficients entiers des u_i, ..., u_m divisées par la forme unité U. [Kronecker[16], Hensel[4].]

§ 12. — LES ÉLÉMENTS ET LA DIFFÉRENTE DU CORPS. — DÉMONSTRATION DU THÉORÈME
RELATIF AUX DIVISEURS DU DISCRIMINANT DU CORPS.

Le théorème 35 permet la décomposition du discriminant d du corps en certains facteurs idéaux. Les $m - 1$ idéaux

$$\mathfrak{e}' = \big((\omega_1 - \omega'_1), \quad \ldots, (\omega_m - \omega'_m)\big),$$

$$\mathfrak{e}'' = \big((\omega_1 - \omega''_1), \quad \ldots, (\omega_m - \omega''_m)\big),$$

$$\cdots\cdots\cdots\cdots\cdots\cdots$$

$$\mathfrak{e}^{(m-1)} = \big((\omega_1 - \omega_1^{(m-1)}), \ldots, (\omega_m - \omega_m^{(m-1)})\big)$$

seront dits les $m - 1$ *éléments* du corps k. Ce sont des idéaux qui, en général, ne font pas partie du corps k; mais le produit $\mathfrak{b} = \mathfrak{c}'\mathfrak{c}'' \ldots \mathfrak{c}^{(m-1)}$ est un idéal du corps k.

On expliquera plus loin comment certains idéaux d'un corps k peuvent être conçus aussi comme idéaux d'un corps plus élevé, car, si nous considérons que les éléments $\mathfrak{c}' \ldots, \mathfrak{c}^{(m-1)}$ sont les contenus des formes $\xi - \xi'$, ..., $\xi - \xi^{(m-1)}$, nous reconnaissons, d'après le théorème 13, que l'idéal $\mathfrak{b}$ est le contenu de la différente de la forme fondamentale, c'est-à-dire de

$$\frac{\partial F}{\partial \xi} = (\xi - \xi') \ldots (\xi - \xi^{(m-1)})$$

qui est, elle, une forme du corps k. Nous dirons que $\mathfrak{b}$ est la *différente du corps* [1]. La norme de cet ideal est égal au plus grand facteur numérique du discriminant de la forme fondamentale, et, comme ce dernier est égal à d, on en conclut le théorème.

THÉORÈME 37. — La norme de la différente d'un corps est égale au discriminant du corps.

De la congruence

$$\frac{\partial F(x)}{\partial x} \equiv e\,\Pi^{e'-1}\,\frac{\partial \Pi}{\partial x}\,\Pi'^{e'} \ldots + e'\,\Pi^{e}\,\Pi'^{e'-1}\,\frac{\partial \Pi'}{\partial x} \ldots + \ldots \qquad (p)$$

il résulte de plus que la différente est toujours divisible par $\mathfrak{p}^{e-1}$ et qu'elle ne contient pas de puissance plus élevée de $\mathfrak{p}$, dès que l'exposant e est premier avec p. En passant à la norme, on voit que le discriminant d'un corps est toujours divisible par $p^{f(e-1)+f'(e'-1)+\cdots}$, et que de plus il ne contient pas p à une puissance plus élevée, si tous les exposants e, e', ... sont premiers avec p; ceci démontre le théorème fondamental annoncé dès le début du paragraphe 10.

§ 13. — LA FORMATION DES IDÉAUX PREMIERS. — LE DIVISEUR NUMÉRIQUE ENTIER DE LA FORME UNITÉ U.

Le calcul effectif des idéaux premiers qui divisent un nombre premier rationnel p peut être effectué d'après le paragraphe 33 en décomposant le premier nombre de l'équation fondamentale. Il est bon cependant de savoir dans quelles circonstances il est permis de donner aux paramètres u_1, u_2, ..., u_m des valeurs particulières. C'est dans ce but que nous ferons les considérations suivantes.

On obtient les discriminants de tous les nombres entiers du corps en donnant dans $U^2 d$ à u_1, ..., u_m toutes les valeurs entières et rationnelles. Il n'est pas nécessaire

---

[1] D'après Dedekind, *L'idéal fondamental* « das Grundideal ».

que le plus grand commun diviseur de ces discriminants soit d, car il peut très bien se présenter le cas où la forme unité prend pour tous les nombres entiers de u_i, ..., u_m une suite de valeurs ayant un diviseur entier $\gtreqless 1$. C'est cela qui met en pleine lumière l'usage des indéterminées u_i, ..., u_m.

On trouve facilement une condition nécessaire et suffisante pour que le nombre premier rationnel p soit un diviseur entier de U; cette condition consiste en ce que U peut se mettre sous la forme

$$p\mathrm{V} + (u_i^p - u_i)\mathrm{V}_i + \ldots + (u_m^p - u_m)\mathrm{V}_m$$

où V, V_i, V_m sont des fonctions entières à coefficients entiers de u_i, ..., u_m. [Hensel [1, 2, 5].]

Si donc il est possible de donner aux indéterminées u_i, u_m des valeurs numériques entières rationnelles a, a_i, ..., a_m telles que la forme unité devienne un nombre non divisible par p, lorsqu'on voudra décomposer p on pourra particulariser l'équation fondamentale en ce sens que la forme ξ pourra être remplacée par $\alpha = a_i\,\omega_i + \ldots + \alpha_m\,\omega_m$ .... Et, en effet, sous les hypothèses que l'on a faites, et comme cela résulte du théorème 36, tout nombre entier ω du corps est congru à une certaine fonction de α suivant p, et c'est pourquoi une fonction entière à coefficients entiers de degré inférieur à m en α n'est jamais divisible par p si tous ses coefficients ne le sont. Désignons les fonctions de la seule variable x résultant des fonctions $\Pi(x; u_i, ..., u_m)$, $\Pi'(x; u_i, ..., u_m)$, ... par la substitution $u_i = a_i$, ..., $u_m = a_m$; désignons-les par $\mathrm{P}(x)$, $\mathrm{P}'(x)$, ..., nous reconnaîtrons que ces fonctions, au sens de la congruence d'après p, sont des fonctions premières différentes les unes des autres et que

$$\mathfrak{p} = \big(p, \mathrm{P}(\alpha)\big), \qquad \mathfrak{p}' = \big(p, \mathrm{P}'(\alpha)\big), \qquad \ldots$$

Et, en effet, si après avoir enlevé le facteur $\mathfrak{p}$, $\mathrm{P}(\alpha)$ contenait encore un facteur contenu dans p soit $\mathfrak{p}'$, on aurait

$$\big\{\mathrm{P}(\alpha)\big\}^e \big\{\mathrm{P}'(\alpha)\big\}^{e'-1} \big\{\mathrm{P}''(\alpha)\big\}^{e''} \ldots, \qquad (p)$$

ce qui, d'après la remarque précédente, n'est pas possible, car nous avons là une congruence de degré inférieur à m en α.

Réciproquement on a le fait suivant : Si dans un corps on a $p = \mathfrak{p}^e \mathfrak{p}'^{e'} \ldots$ où $\mathfrak{p}$, $\mathfrak{p}'$ ... sont des idéaux premiers différents de degrés f, f', ... et si à chacun de ces idéaux on peut faire correspondre une fonction entière à coefficients entiers $\mathrm{P}(x)$, $\mathrm{P}'(x)$, ... de la seule variable x de degrés f, f', ... irréductibles suivant p et toutes différentes, on peut toujours trouver un nombre $\alpha = a_i\,\omega_i + \ldots + a_m\,\omega_m$ tel que la valeur de U correspondante ne soit pas divisible par p.

La non-existence de fonctions premières $\mathrm{P}(x)$, $\mathrm{P}'(x)$, ... dans le sens de la congruence suivant le nombre rationnel p, forme donc une nouvelle condition nécessaire et suffisante pour que p soit diviseur entier de U. [Dedekind [4].]

5

Chacune des deux conditions trouvées dans ce paragraphe, et qui sont essentiellement différentes, peut servir au calcul d'exemples numériques pour des corps algébriques, dans laquelle les U contiennent des facteurs numériques entiers $\ne 1$ et répondant à la question. [Dedekind[4], Kronecker[16], Hensel[1, 2, 5].]

Il faut cependant remarquer que la forme U perd la propriété de contenir des diviseurs entiers, si l'on y fait prendre à $u_1, \dots, u_m$ les valeurs des nombres algébriques entiers d'un corps choisis de telle sorte que tous les nombres ainsi représentés par U aient pour plus grand commun diviseur 1.

CHAPITRE V.

Le corps relatif.

Les concepts de norme, de différente et de discriminant sont susceptibles d'une généralisation importante.

Si K est un corps de degré M, qui contient tous les nombres du corps k de degré m, k est dit un *sous corps* de K. Le corps K est dit le *sur-corps* ou le *corps relatif* par rapport à k. Soit Θ un nombre déterminant K. Parmi les équations en nombre infini à coefficients algébriques situés dans k auxquelles satisfait Θ, soit l'équation de degré r

$$(3) \qquad \Theta^r + \alpha_1 \Theta^{r-1} + \dots + \alpha_r = 0$$

celle de degré le moins élevé; $\alpha_1, \dots, \alpha_r$ sont alors des nombres déterminés de k; r s'appelle le *degré relatif* du corps K par rapport à k, et on a $M = rm$. L'équation (3) est irréductible dans le domaine de rationalité k. Si $\Theta', \dots, \Theta^{(r-1)}$ sont les $r-1$ autres racines de l'équation (3), on dit que les $r-1$ nombres algébriques sont les nombres *relativement conjugués* à Θ, et les corps déterminés par $\Theta', \dots, \Theta^{(r-1)}$, $K'K''$, ..., $K^{(r-1)}$ sont dits les corps *relativement conjugués* à K. Soit A un nombre quelconque du corps K et

$$A = \gamma_1 + \gamma_2 \Theta + \dots + \gamma_r \Theta^{r-1}$$

où $\gamma_1, \gamma_2, \dots, \gamma_r$ sont des nombres dans k, les nombres

$$A' = \gamma_1 + \gamma_2 \Theta' + \dots + \gamma_r \Theta'^{r-1},$$
$$\dots \dots \dots \dots \dots \dots \dots \dots$$
$$A^{(r-1)} = \gamma_1 + \gamma_2 \Theta^{(r-1)} + \dots \gamma_r (\Theta^{(r-1)})^{r-1}$$

sont dits issus de A par les substitutions $T' = (\Theta : \Theta'), \ldots, T^{(r-1)} = (\Theta : \Theta^{(r-1)})$, où encore les nombres *relativement conjugués* à A. Si l'on applique la substitution T' à tous les nombres d'un idéal $\mathfrak{J}$, on obtient un idéal $\mathfrak{J}'$ qui est l'idéal issu de $\mathfrak{J}$ par la substitution T' ou l'idéal relativement conjugué à $\mathfrak{J}$.

Soient $\alpha_1, \ldots, \alpha_s$ des nombres quelconques dans k et soit $j = (\alpha_1, \ldots, \alpha_s)$ l'idéal que ces nombres déterminent dans k, ces mêmes nombres déterminent un idéal $\mathfrak{J} = (\alpha_1, \ldots, \alpha_s)$ dans K. Cet idéal $\mathfrak{J}$ ne doit pas être considéré comme différent de j.

Le théorème qui va suivre nous permet de considérer $(\alpha_1, \ldots, \alpha_s)$ à la fois comme un idéal dans k et dans K.

Si $\alpha_1, \alpha_2, \ldots, \alpha_s$ et $\alpha_1^0, \ldots, \alpha_s^0$ sont des entiers dans k tels que dans K les idéaux $\mathfrak{J} = (\alpha_1, \ldots, \alpha_s)$, $\mathfrak{J}^0 = (\alpha_1^0, \ldots, \alpha_s^0)$ coïncident, dans k les deux idéaux $j = (\alpha_1, \ldots, \alpha_s)$, $j_0 = (\alpha_1^0, \ldots, \alpha_s^0)$ coïncident aussi. En effet, par suite de l'hypothèse, si α^0 est un des nombres $\alpha_1^0, \ldots, \alpha_s^0$, on a $\alpha^0 = A_1 \alpha_1 + \ldots + A_s \alpha_s$, où $A_1, \ldots, A_s$ sont certains nombres entiers dans K. Si nous formons la norme relative de chacune de ces deux expressions, nous reconnaissons que, dans k, α^{0r} doit être divisible par j^r ; par suite, dans k, α^0 est divisible par j et par suite aussi j^0 est divisible par j. Comme, d'autre part, on peut démontrer la réciproque, il faut que dans ce cas $j = j^0$.

Au contraire, un idéal $\mathfrak{J} = (A_1, \ldots, A_s)$ du corps K ne sera un idéal j du corps k que si $\mathfrak{J}$ est diviseur commun de certains nombres $\alpha_1, \ldots, \alpha_s$ du corps k.

Le produit d'un nombre A par tous ses conjugués relatifs

$$N_k(A) = AA' \ldots A^{(r-1)}$$

est dit la *norme relative du nombre* A par rapport au corps k ou dans le domaine de rationalité k. La norme relative N_k est un nombre de k.

Soit $\mathfrak{J} = (A_1, \ldots, A_s)$ un idéal quelconque dans K, le produit de $\mathfrak{J}$ par tous les idéaux relativement conjugués

$$N_k(\mathfrak{J}) = \mathfrak{J}\mathfrak{J}' \ldots \mathfrak{J}^{(r-1)}$$

est la *norme relative de* $\mathfrak{J}$. La norme relative $N_k(\mathfrak{J})$ est un idéal du corps k. Car si $U_1, \ldots, U_s$ désignent des indéterminées, les coefficients du produit

$$(A_1 U_1 + \ldots + A_s U_s)(A_1' U_1 + \ldots + A_s' U_s) \ldots (A_1^{(r-1)} U_1 + \ldots + A_s^{(r-1)} U_s)$$

sont des nombres entiers dans k, dont le plus grand diviseur coïncide avec ce produit d'idéaux d'après le théorème 13.

L'expression

$$\Delta_k(A) = (A - A')(A - A'') \ldots (A - A^{(r-1)})$$

représente un nombre du corps K et se nomme la *différente relative du nombre* A par rapport à k. L'expression

$$D_k(A) = (A - A')^2 (A - A'')^2 \ldots (A^{(r-2)} - A^{(r-1)})^2$$

est de *discriminant relatif du nombre* A. Ce discriminant est égal au signe près à la norme relative de la différente relative de A ; car on a

$$D_k(A) = (-1)^{\frac{r(r-1)}{2}} N_k(\Delta_k).$$

Si $\Omega_1, \ldots, \Omega_M$ sont les M nombres de la base du corps K, l'idéal que l'on obtient en faisant le produit des $r-1$ éléments

$$\mathfrak{C}' = \big((\Omega_1 - \Omega_1'), \quad \ldots, (\Omega_M - \Omega_M')\big),$$

$$\cdots \cdots \cdots \cdots \cdots$$

$$\mathfrak{C}^{(r-1)} = \big((\Omega_1 - \Omega_1^{(r-1)}), \ldots, (\Omega_M - \Omega_M^{(r-1)})\big),$$

c'est-à-dire

$$\mathfrak{D}_k = \mathfrak{C}'\mathfrak{C}''\ldots\mathfrak{C}^{(r-1)}.$$

est la *différente relative du corps* K par rapport à k.

Si l'on désigne par

$$\Xi = \Omega_1 U_1 + \ldots + \Omega_M U_M$$

la forme fondamentale de K, la différente relative de Ξ est

$$\Delta_k(\Xi) = (\Xi - \Xi')\ldots(\Xi - \Xi^{(r-1)}).$$

Les coefficients de cette forme sont des nombres du corps K, et comme d'après le théorème 13 leur plus grand commun diviseur est la différente relative $\mathfrak{D}_k$, $\mathfrak{D}_k$ est un idéal du corps K.

Le carré du plus grand commun diviseur de tous les déterminants à r lignes de la matrice

$$(4) \qquad \begin{vmatrix} \Omega_1, & \Omega_2, & \ldots, & \Omega_M \\ \Omega_1', & \Omega_2', & \ldots, & \Omega_M' \\ \cdots & \cdots & \cdots & \cdots \\ \Omega_1^{(r-1)}, & \Omega_2^{(r-1)}, & \ldots, & \Omega_M^{(r-1)} \end{vmatrix}$$

s'appelle le *discriminant relatif* D_k du corps K relatif à k ; ce discriminant, on le voit facilement, est un idéal du corps k.

§ 15. — Propriétés de la différente relative et du discriminant relatif d'un corps.

Pour les concepts que l'on vient de définir, on a les théorèmes suivants [Hilbert³] :

Théorème 38. — Le discriminant relatif du corps K par rapport au sous-corps k est égal à la norme relative de la différente relative de K. c'est-à-dire

$$D_k = N_k(\mathfrak{D}_k).$$

Démonstration. — La norme relative de la différente relative de la forme fondamentale Ξ est

$$N_k\big(\Delta_k(\Xi)\big) = \pm (\Xi - \Xi')^2 (\Xi - \Xi'')^2 \ldots (\Xi^{(r-2)} - \Xi^{(r-1)})^2$$

$$= \pm \begin{vmatrix} 1, & \Xi, & \ldots, & \Xi^{r-1} \\ 1, & \Xi', & \ldots, & (\Xi')^{r-1} \\ \cdots & \cdots & \cdots & \cdots \\ 1, & \Xi^{(r-1)}, & \ldots, & (\Xi^{(r-1)})^{r-1} \end{vmatrix}^2 .$$

D'autre part, le carré du déterminant est une forme du corps K dont le contenu est égal au discriminant relatif D_k. Car si nous exprimons les termes de ce déterminant en fonction linéaire de $\Omega_1, \ldots, \Omega_M$ et de leurs conjugués dans le corps K, où les coefficients de ces expressions sont des fonctions entières à coefficients entiers de $U_1, \ldots, U_M$, nous reconnaîtrons que le carré de ce déterminant n'a que des coefficients divisibles par D_k.

Réciproquement, une généralisation du théorème 36 nous montre que chaque déterminant à r lignes de la matrice (4) multipliée par la $r^{\text{ème}}$ puissance d'une certaine forme unitaire rationnelle des paramètres $U_1, \ldots, U_M$ est divisible par le produit

$$(\Xi - \Xi')(\Xi - \Xi'') \ldots (\Xi^{(r-2)} - \Xi^{(r-1)}).$$

Il en résulte que $N_k\big(\Delta_k(\Xi)\big) \backsim D_k$.

Théorème 39. — Si D et d désignent le discriminant du sur-corps K et du sous-corps k, et si l'on désigne par $n(D_k)$ la norme du discriminant relatif D_k pris dans le corps k, on a

$$D = d^r n(D_k).$$

Démonstration. — Si $\xi = \omega_1 u_1 + \ldots + \omega_m u_m$ est la forme fondamentale du corps k, Ξ mis à la place de X satisfait à une équation de degré r en X de la forme

$$\Phi(X, \xi) = \Phi_0 X^r + \Phi_1 X^{r-1} + \ldots + \Phi_r = o$$

où $\Phi_1, \ldots, \Phi_r$ sont des fonctions entières à coefficients entiers de ξ et des indéterminées $u_1, \ldots, u_m, U_1, \ldots, U_M$, et où Φ_0 est une forme unitaire rationnelle des indéterminées $u_1, \ldots, u_m$. Les autres racines de l'équation de degré dont nous venons de parler sont $X = \Xi', \ldots, \Xi^{(r-1)}$. Soit donc $\xi^{(h)}$ une des $m - 1$ formes fondamentales conjuguées à ξ, et soient $\Xi_{(h)}, \Xi'_{(h)}, \ldots, \Xi^{(r-1)}_{(h)}$ les racines de l'équation de degré r, $\Phi(X, \xi^{(h)}) = o$. Comme ξ satisfait à une équation de degré M, il est évident que toute puissance de Ξ multipliée par une puissance de Φ_0 est égale à une fonction entière de ξ et de Ξ, qui est au plus de degré $m - 1$ en ξ et au plus de degré $r - 1$ en Ξ et dont les coefficients sont des fonctions entières à coefficients entiers des paramètres

$u_1, \ldots, u_m, U_1, \ldots, U_M$. D'après cela, le discriminant de la forme fondamentale Ξ, multiplié par une puissance de Φ_0, est divisible par le carré du déterminant à $M = rm$ lignes.

$$\Delta = \begin{vmatrix} 1, \Xi, & \ldots, \Xi^{r-1}, & \xi, \xi\Xi, & \ldots, \xi\Xi^{r-1}, & \ldots, & \xi^{m-1}, \xi^{m-1}\Xi, & \ldots, \xi^{m-1}\Xi^{r-1} \\ 1, \Xi', & \ldots, \Xi'^{r-1}, & \xi, \xi\Xi', & \ldots, \xi\Xi'^{r-1}, & \ldots, & \xi^{m-1}, \xi^{m-1}\Xi', & \ldots, \xi^{m-1}\Xi'^{r-1} \\ \ldots & \ldots & \ldots & \ldots & \ldots & \ldots & \ldots \\ 1, \Xi^{r-1}, & \ldots, (\Xi^{(r-1)}), & \xi, \xi\Xi^{(r-1)}, & \ldots, \xi(\Xi^{(r-1)})^{r-1}, & \ldots, & \xi^{m-1}, \xi^{m-1}\Xi^{r-1}, & \ldots, \xi^{m-1}(\Xi^{(r-1)})^{r-1} \end{vmatrix}$$

Dans ce schéma, nous n'avons écrit que les r premières lignes horizontales ; on obtiendra les $(m-1)r$ autres en donnant successivement aux lettres ξ le signe $(h) = (1), \ldots, (m-1)$ comme indices supérieurs et à toutes les lettres Ξ les mêmes signes comme indices inférieurs.

Si l'on exprime les éléments du déterminant Δ en fonction linéaire des nombres de la base, on reconnaît l'exactitude de la formule

$$\Delta = \begin{vmatrix} \Omega_1, & \ldots, & \Omega_M \\ \Omega_1, & \ldots, & \Omega'_M \\ \ldots & \ldots & \ldots \\ \Omega_1^{(M-1)}, & \ldots, & \Omega_M^{(M-1)} \end{vmatrix} F,$$

où F est une fonction entière à coefficients entiers des paramètres $u_1, \ldots, u_m, U_1, \ldots, U_m$. Mais comme le facteur numérique du discriminant de Ξ d'après le théorème $35 = D$, il résulte du développement précédent que réciproquement D est divisible par le facteur numérique du carré de Δ; c'est-à-dire que le facteur numérique de Δ^2 est égal à D.

Par les théorèmes élémentaires de la théorie des déterminantes, on obtient l'identité

$$\Delta = \begin{vmatrix} 1, \xi, & \ldots, & \xi^{m-1} \\ 1, \xi', & \ldots, & \xi'^{m-1} \\ \ldots & \ldots & \ldots \\ 1, \xi^{(m-1)}, & \ldots, & (\xi^{(m-1)})^{m-1} \end{vmatrix}^r \Pi,$$

$$\Pi = \begin{vmatrix} 1, \Xi, & \ldots, \Xi^{r-1} \\ 1, \Xi', & \ldots, \Xi'^{r-1} \\ \ldots & \ldots \\ 1, \Xi^{(r-1)}, & \ldots, (\Xi^{(r-1)})^{r-1} \end{vmatrix} \begin{vmatrix} 1, \Xi_{(1)}, & \ldots, \Xi_{(1)}^{r-1} \\ 1, \Xi'_{(1)}, & \ldots, \Xi_{(1)}^{r-1} \\ \ldots & \ldots \\ 1, \Xi_{(1)}^{(r-1)}, & \ldots, (\Xi_{(1)}^{(r-1)})^{r-1} \end{vmatrix} \begin{vmatrix} 1, \Xi_{(m-1)}^{(r-1)}, & \ldots, (\Xi_{(m-1)}^{(r-1)})^{r-1} \\ 1, \Xi_{(m-1)}, & \ldots, \Xi_{(m-1)}^{(r-1)} \\ \ldots & \ldots \\ 1, \Xi'_{(m-1)}, & \ldots, (\Xi'^{(r-1)}_{(m-1)})^{r-1} \end{vmatrix}$$

ce qui donne immédiatement le théorème 39.

Le théorème démontré à l'instant ne montre pas seulement que le déterminant d'un corps est divisible par le discriminant de tout sous-corps; mais il indique la puissance de ce dernier qui est contenue dans le discriminant du sur-corps; et il donne la signification simple du facteur restant dans le déterminant du sur-corps.

§ 16. — La décomposition d'un élément du corps k dans le sur-corps K. Le théorème sur la différente du sur-corps K.

Théorème 40. — Tout élément du sous-corps k est égal à un produit de r certains éléments du sur-corps K, et on a les formules

$$\xi - \xi^{(h)} \simeq (\Xi - \Xi_{(h)})(\Xi - \Xi'_{(h)}) \ldots (\Xi - \Xi_{(h)}^{(r-1)}) \simeq (\Xi - \Xi_{(h)})(\Xi' - \Xi_{(h)}) \ldots (\Xi^{(r-1)} - \Xi_{(h)}).$$

Démonstration. — Soit

$$F(X) = X^M + F_1 X^{M-1} + \ldots + F_M = 0,$$

l'équation fondamentale de degré M du corps K, où $F_1, \ldots, F_M$ sont des fonctions entières à coefficients entiers des $U_1, \ldots, U_M$, on a identiquement

$$\Phi_o^m F(X) = \Phi(X, \xi) \Phi(X, \xi') \ldots \Phi(X, \xi^{(m-1)}).$$

La différente de la forme fondamentale Ξ est donc représentée par la formule

$$\Delta(\Xi) = \frac{\partial F(\Xi)}{\partial \Xi} = \frac{1}{\Phi_o^m} \frac{\partial \Phi(\Xi, \xi)}{\partial \Xi} \Phi(\Xi, \xi') \ldots \Phi(\Xi, \xi^{(m-1)})$$

en vertu de $\Phi(\Xi, \xi) = 0$.

Mais on a d'une part

$$(5) \qquad \Phi(\Xi, \xi^{(h)}) = \Phi_o(\Xi - \Xi_{(h)})(\Xi - \Xi'_{(h)}) \ldots (\Xi - \Xi_{(h)}^{(r-1)}),$$
$$(h = 1, 2, \ldots, m-1)$$

et d'autre part

$$(6) \qquad \Phi(\Xi, \xi^{(h)}) = \Phi(\Xi, \xi^{(h)}) - \Phi(\Xi, \xi) = (\xi - \xi^{(h)}) G^{(h)}$$

où $G^{(h)}$ représente une forme algébrique entière ; il résulte de ces formules que

$$\Phi_o^m \frac{\partial F(\Xi)}{\partial \Xi} = \frac{\partial \Phi(\Xi, \xi)}{\partial \Xi} (\xi - \xi') \ldots (\xi - \xi^{(m-1)}) G' \ldots G^{(m-1)}.$$

Comme $\dfrac{1}{\Phi_o} \dfrac{\partial \Phi(\Xi, \xi)}{\partial \Xi}$ représente la différente relative de Ξ, il résulte, d'après le théorème 13 de la dernière formule, que

$$(7) \qquad \mathfrak{D} = \mathfrak{D}_k \mathfrak{d} \mathfrak{J}$$

où $\mathfrak{D}$ est la différente de k, $\mathfrak{D}_k$ la différente relative de K par rapport à k, et où $\mathfrak{J}$ représente l'idéal égal au contenu de la forme $G', \ldots, G^{(m-1)}$.

En passant aux normes

$$D = n(D_k) d^r N(\mathfrak{J})$$

et, par suite, d'après le théorème 39, $N(\mathfrak{J}) = 1$, c'est-à-dire $\mathfrak{J} = 1$. Les formes $G_1, \ldots, G^{(m-1)}$ sont donc toutes des formes unités, et les formules (5) et (6) démontrent notre théorème 40.

Le théorème 40 donne la décomposition des éléments du corps k dans le *sur-corps* K; il est le théorème fondamental de la théorie des discriminants.

La formule (7) nous fournit de plus l'important fait suivant :

Théorème 41. — La différente $\mathfrak{D}$ du corps K est égale au produit de la différente relative $\mathfrak{D}_k$ de K par rapport au sous-corps k et la différente $\mathfrak{d}$ du corps k, c'est-à-dire

$$\mathfrak{D} = \mathfrak{D}_k \mathfrak{d}.$$

On voit quel rapport simple existe entre les différentes.

La différente du corps supérieur s'obtient en multipliant la différente du corps inférieur par la différente relative correspondante.

CHAPITRE VI.

Les unités du corps.

§ 17. — De l'existence des nombres conjugués, dont les valeurs absolues satisfont a certaines inégalités.

Nous avons établi au chapitre II les lois de la divisibilité des nombres d'un corps algébrique, nous allons établir maintenant des vérités fondées avant tout sur l'idée de grandeur. C'est le théorème de [Minkowski[3]] qui va nous fournir le moyen le plus puissant dans ces recherches; il s'énonce ainsi :

Lemme 6. — Soit

$$f_1 = a_{11} u_1 + \ldots + a_{1m} u_m,$$
$$\ldots\ldots\ldots\ldots\ldots\ldots$$
$$f_m = a_{m1} u_1 + \ldots + a_{mm} u_m$$

m formes linéaires et homogènes de $u_1, \ldots, u_m$ à coefficients réels quelconques et de déterminant égal à 1; on peut déterminer pour $u_1, u_2, \ldots, u_m$ des valeurs entières et rationnelles qui ne sont pas toutes nulles telles que les m formes $f_1, \ldots, f_m$ soient toutes en valeur absolue $\leqslant 1$.

Ce théorème, légèrement transformé, nous donne :

Lemme 7. — Soient $f_1, f_2, \ldots, f_m$ m formes linéaires et homogènes de $u_1, u_2, \ldots, u_m$ à coefficients réels quelconques avec un déterminant positif A, et soient $\varkappa_1, \varkappa_2, \varkappa_3, \ldots, \varkappa_m$ m constantes quelconques positives dont le produit est égal à A, on peut toujours déterminer m valeurs entières et rationnelles pour u_1, u_2, ..., u_m qui ne sont pas toutes nulles et telles que

$$|f_1| \leqslant \varkappa_1, \quad \ldots, \quad |f_m| \leqslant \varkappa_m.$$

Dans ce chapitre, nous désignerons le corps k et les $m-1$ conjuguées par $k = k^{(1)}$, $k^{(2)}$, ..., $k^{(m)}$, et nous désignerons les m nombres de bases du corps $k^{(s)}$ par $\omega_1^{(s)}$, ..., $\omega_m^{(s)}$.

Nous appliquerons le lemme 7 pour démontrer le

Théorème 42. — Soient $\varkappa_1$, $\varkappa_2$, ..., $\varkappa_m$ m constantes positives quelconques dont le produit est égal à $\sqrt{d}$, et qui satisfont aux conditions $\varkappa_s = \varkappa_{s'}$ dans le cas où $k^{(s)}$ et $k^{(s')}$ sont deux corps imaginaires conjugués, il y a toujours dans le corps k un nombre entier différent de zéro ω tel que

$$|\omega^{(1)}| \leqslant \varkappa_1, \quad \ldots, \quad |\omega^{(m)}| \leqslant \varkappa_m.$$

Démonstration. — Nous attribuerons aux corps $k^{(1)}$, $k^{(2)}$, ..., $k^{(m)}$ certaines formes linéaires, et nous nous placerons au point de vue suivant. Si $k^{(r)}$ est un corps réel, nous lui attribuerons la forme réelle

$$f_r = \omega_1^{(r)} u_1 + \ldots + \omega_m^{(r)} u_m;$$

si $k^{(s)}$ est un corps imaginaire et si $k^{(s')}$ est son imaginaire conjugué, nous attribuerons aux deux corps $k^{(s)}$ et $k^{(s')}$ les deux formes linéaires

$$(8) \quad \begin{cases} f_{s'} = \dfrac{1}{\sqrt{2}} \left\{ (\omega_1^{(s)} + \omega_1^{(s')}) u_1 + \ldots + (\omega_m^{(s)} + \omega_m^{(s')}) u_m \right\}, \\[2ex] f_s = \dfrac{1}{i\sqrt{2}} \left\{ (\omega_1^{(s)} + \omega_1^{(s')}) u_1 + \ldots + (\omega_m^{(s)} + \omega_m^{(s')}) u_m \right\} \end{cases}$$

dont les coefficients sont réels. Le déterminant de ces m formes pris en valeur absolue $= |\sqrt{d}|$. Le lemme 7 apporte immédiatement la preuve de notre affirmation si l'on remarque que

$$f_s^2 + f_{s'}^2 = 2 \, |\omega_1^{(s)} u_1 + \ldots + \omega_m^{(s)} u_m|^2.$$

Il résulte de là, en outre, le

Théorème 43. — Le degré m et la constante positive $\varkappa$ étant donnés, il n'y a qu'un nombre limité de nombres entiers algébriques de degré m, qui, avec leurs conjugués, sont tous $< \varkappa$ en valeur absolue.

Démonstration. — Les m coefficients entiers de l'équation à laquelle satisfait un pareil nombre sont tous inférieurs à une limite qui ne dépend que de m et de $\varkappa$; leur nombre est donc limité.

6

§ 18. — Théorèmes relatifs a la valeur absolue du discriminant du corps.

Théorème 44. — Le discriminant d d'un corps k n'est jamais égal à ± 1. [Minkowski[1,2,3].]

Théorème 45. — Il n'y a qu'un nombre fini de corps de degré m et de discriminant donné d. [Hermite[1,2], Minkowski[3].]

Nous démontrerons d'abord le

Lemme 8. — Soient $f_1, f_2, \ldots, f_m$ les m formes réelles linéaires définies par les formules (8) des variables $u_1, u_2, \ldots, u_m$, il y a toujours dans le corps un nombre entier différent de zéro $\alpha = a_1 \omega_1 + \ldots + a_m \omega_m$ tel que les valeurs absolues de ces formes pour $u_1 = a_1 \ldots u_m = a_m$ satisfassent aux conditions

$$(9) \qquad |f_1| \leqslant |\sqrt{d}|, \quad |f_2| < 1, \quad |f_3| < 1, \quad \ldots, \quad |f_m| < 1.$$

Démonstration. — D'après le théorème 43, il n'y a qu'un nombre fini de nombres $\alpha, \alpha_1, \alpha_2, \ldots$ du corps k satisfaisant à

$$|f_1| < |\sqrt{d}| + 1, \quad |f_2| < 1, \quad \ldots, \quad |f_m| < 1.$$

Soit α parmi ces nombres celui qui donne à $|f_1|$ la plus petite valeur et soit φ cette plus petite valeur. S'il n'existait pas de pareil nombre, on poserait $\varphi = |\sqrt{d}| + 1$. Si $\varphi \leqslant |\sqrt{d}|$ le théorème est évident. Dans le premier cas, nous déterminerons un nombre positif ε tel que $(1 + \varepsilon)^{m-1} |\sqrt{d}| < \varphi$. D'après le lemme 7, il y a toujours un système d'entiers rationnels $u_1, \ldots, u_m$ tels que

$$|f_1| \leqslant (1 + \varepsilon)^{m-1} |\sqrt{d}|, \quad |f_2| \leqslant \frac{1}{1+\varepsilon}, \quad \ldots, \quad |f_m| \leqslant \frac{1}{1+\varepsilon},$$

et par suite

$$|f_1| < \varphi, \quad |f_2| < 1, \quad \ldots, \quad |f_m| < 1,$$

ce qui est contraire à l'hypothèse qui nous a fait choisir α.

Pour démontrer dès lors les théorèmes 44 et 45, nous procéderons ainsi. Si $k = k^{(1)}$ est un corps réel, la forme f_1 est parfaitement déterminée; si $k^{(1)}$ est corps imaginaire et $k^{(2)}$ son corps imaginaire conjugué, nous pouvons choisir pour f_1 entre deux formes; nous prendrons

$$f_1 = \frac{1}{i\sqrt{2}} \left\{ (\omega_1^{(1)} - \omega_1^{(2)})u_1 + \ldots + (\omega_m^{(1)} - \omega_m^{(2)})u_m \right\}.$$

La suite dans laquelle nous adopterons les autres formes $f_2, \ldots, f_m$ n'importe pas. Le lemme 8 nous montre l'existence d'un nombre α satisfaisant aux conditions (9).

D'autre part,

$$\prod_{(r)} |f_r| \prod_{s,s'} \frac{f_s^2 + f_{s'}^2}{2} = |n(\alpha)|;$$

comme on a nécessairement $|n(\alpha)| \geqq 1$, il en résulte $|f_1| > 1$, et par suite $|\sqrt{d}| > 1$. Le théorème 44 est démontré.

Il résulte, d'autre part, des inégalités $|f_1| > 1$, $|f_2| < 1$, $|f_3| < 1$, $|f_m| < 1$, que α est un nombre du corps $k = k^{(1)}$ qui diffère de tous ses conjugués. c'est-à-dire que la différente $\delta(\alpha) =\!\!|= 0$. D'après une remarque faite précédemment, α est un nombre qui détermine le corps k.

D'autre part, comme d est un nombre donné, on voit, d'après le théorème 43, qu'il n'y a qu'un nombre limité de nombres entiers algébriques de degré m, qui, avec leurs conjugués, satisfont aux conditions (9), ce qui nous démontre immédiatement le théorème 45.

Le théorème 44 exprime une propriété essentielle des corps algébriques ; il montre que le discriminant de tout corps contient au moins *un* nombre *premier*.

En employant au lieu du lemme 6 un théorème plus profond dû également à Minkowski, le même raisonnement nous aurait montré que le discriminant d'un corps de degré m dépasse certainement en valeur absolue $\left(\dfrac{\pi}{4}\right)^{2r_2} \left(\dfrac{m^m}{m!}\right)^2$ et à plus forte raison $\left(\dfrac{\pi}{4}\right)^{2r_2} \dfrac{e^{2m - \frac{1}{6m}}}{2\pi m}$ où r_2 désigne le nombre de couples de corps imaginaires qui se trouvent parmi $k^{(1)}, \ldots, k^{(m)}$. [Minkowski[1, 2, 3].]

Ce dernier fait, appliqué de la même manière, montre que parmi les corps de tous les degrés possibles il n'y en a qu'un nombre limité ayant un discriminant donné d.

De ces mêmes principes, nous tirerons encore une conséquence très importante pour le chapitre VII. [Minkowski[1, 3].]

Théorème 46. — Soit $\mathfrak{a}$ un idéal donné du corps k, il y a toujours un nombre α du corps différent de 0 divisible par $\mathfrak{a}$ et tel que

$$|n(\alpha)| \leqq |n(\mathfrak{a})\sqrt{d}|.$$

Démonstration. — Soient

$$i_1 = a_{11}\omega_1 + \ldots + a_{1m}\omega_m,$$
$$\cdots\cdots\cdots\cdots\cdots$$
$$i_m = a_{m1}\omega_1 + \ldots + a_{mm}\omega_m$$

les m nombres de base de l'idéal $\mathfrak{a}$; formons comme nous l'avons fait précédemment. au moyen de $\omega_1, \ldots, \omega_m$, m formes linéaires $f_1, \ldots, f_m$ à coefficients réels ; la valeur du déterminant de ces m formes sera

$$\begin{vmatrix} i_1^{(1)}, & \ldots, & i_m^{(1)} \\ \cdots & \cdots & \cdots \\ i_1^{(m)}, & \ldots, & i_m^{(m)} \end{vmatrix} = \begin{vmatrix} a_{11}, & \ldots, & a_{1m} \\ \cdots & \cdots & \cdots \\ a_{m1}, & \ldots, & a_{mm} \end{vmatrix} \cdot \begin{vmatrix} \omega_1^{(1)}, & \ldots, & \omega_m^{(1)} \\ \cdots & \cdots & \cdots \\ \omega_1^{(m)}, & \ldots, & \omega_m^{(m)} \end{vmatrix}$$

qui, d'après le théorème 19, égale en valeur absolue $\left| n(\mathfrak{a})\sqrt{d} \right|$. Si maintenant nous attribuons aux m formes $f_1, f_2, \ldots, f_m$ l'une des constantes réelles $\varkappa_1, \varkappa_2, \ldots, \varkappa_m$ dont le produit $= \left| n(\mathfrak{a})\sqrt{d} \right|$ et qui satisfont aux conditions $\varkappa_s = \varkappa_{s'}$ dans le cas où $k^{(s)}$ et $k^{(s')}$ sont des corps imaginaires conjugués, le théorème 46 résulte du théorème 42.

§ 19. — Le théorème qui prouve l'existence des unités du corps. — Un théorème auxiliaire au sujet d'une unité possédant une propriété particulière.

Le théorème qui va suivre, relatif aux unités du corps k, nous donne la base fondamentale d'une étude plus approfondie des nombres entiers algébriques.

Mais tout d'abord nous appellerons *unité* du corps k tout nombre entier ε dont la valeur inverse $\frac{1}{\varepsilon}$ est encore un nombre entier. La norme d'une unité $= \pm 1$, et, réciproquement, si la norme d'un entier du corps $= \pm 1$, ce nombre est une unité du corps.

Théorème 47. — *Supposons que parmi les m corps conjugués $k^{(1)}, \ldots, k^{(m)}$ il y ait r_1 corps réels et $r_2 = \dfrac{m - r_1}{2}$ corps imaginaires conjugués, le corps $k = k^{(1)}$ contient un système de $r = r_1 + r_2 - 1$ unités $\varepsilon_1, \ldots, \varepsilon_r$ telles que toute autre unité du corps peut être mise sous la forme $\varepsilon = \rho\, \varepsilon_1^{a_1} \ldots \varepsilon_r^{a_r}$ et cela d'une seule manière, $a_1, \ldots, a_r$ étant des nombres entiers rationnels et ρ une racine de l'unité située dans k.*

Pour préparer la démonstration de ce théorème, nous ordonnerons les m corps conjugués $k^{(1)}, \ldots, k^{(m)}$ de la façon suivante :

Nous écrirons d'abord les r_1 corps réels $k^{(1)} \ldots, k^{(r_1)}$, puis nous prendrons un corps de chaque couple de corps imaginaires conjugués $k^{(r_1+1)}, \ldots, k^{(r_1+r_2)}$, et nous ferons suivre ces derniers de leurs corps conjugués $k^{(r_1+r_2+1)}, \ldots, k^{(m)}$. Nous formerons, avec m variables réelles quelconques $u_1, u_2, \ldots, u_m$, les m formes linéaires

$$\xi_s = \omega_1^{(s)} u_1 + \ldots + \omega_m^{(s)} u_m, \qquad (s = 1, 2, \ldots, m)$$

et nous écrirons $\xi_1 = \xi$. Si $\xi_1, \ldots, \xi_m$ sont tous $\neq 0$, nous poserons, dans le cas de $k^{(s)}$ réel :

$$\log |\xi_s| = l_s(\xi),$$

et dans le cas où $k^{(s)}$ et $k^{(s')}$ sont des corps imaginaires conjugués :

$$\log(\xi_s) = \tfrac{1}{2} l_s(\xi) - i\, l_{s'}(\xi),$$
$$\log(\xi_{s'}) = \tfrac{1}{2} l_s(\xi) + i\, l_{s'}(\xi),$$

où $l_1(\xi), \ldots, l_m(\xi)$ sont tous des grandeurs réelles et où en particulier les formes $l_{s'}(\xi)$ satisfont à

$$0 \leqslant l_{s'}(\xi) < 2\pi;$$

les grandeurs $l_1(\xi), \ldots, l_m(\xi)$ ont donc une détermination unique en fonction des variables réelles $u_1, u_2, \ldots, u_m$, nous les appellerons *logarithmes de la forme* ξ. De plus, si l'on désigne par $ln(\xi)$ la partie réelle du logarithme de $n(\xi)$, on a

$$l_1(\xi) + \ldots + l_{r+1}(\xi) = ln(\xi).$$

Si $u_1, \ldots, u_m$ sont des entiers rationnels qui ne sont pas tous nuls, $\xi = \xi_1$ représente un nombre $\alpha \neq 0$ du corps $k = k^{(1)}$. Les grandeurs $l_1(\xi), \ldots, l_m(\xi)$ sont alors parfaitement déterminées par α et nous les nommerons les *logarithmes du nombre* α.

Si ε est une unité du corps k, on a en vertu de $n(\varepsilon) = \pm 1$:

$$l_1(\varepsilon) + l_2(\varepsilon) + \ldots + l_{r+1}(\varepsilon) = 0.$$

Par contre, les logarithmes $l_1(\xi), \ldots, l_m(\xi)$ nous donnent pour les variables $u_1, u_2, \ldots, u_m$ 2^{r_1} valeurs, car les r_1 valeurs réelles $\xi_1, \xi_2, \ldots, \xi_{r_1}$ ne sont déterminées qu'au signe près, tandis que les valeurs imaginaires conjuguées $\xi_{r+1}, \ldots, \xi_m$ sont parfaitement déterminées.

Nous aurons à nous servir du déterminant fonctionnel de ces relations ; nous désignerons le déterminant fonctionnel des fonctions $f_1, f_2, \ldots, f_m$ des variables $x_1, x_2, \ldots, x_m$ par $\dfrac{f_1, \ldots, f_m}{x_1, \ldots, x_m}$.

On a entre les valeurs absolues les relations

$$\left| \frac{u_1, \ldots, u_m}{\xi_1, \ldots, \xi_m} \right| = \frac{1}{\sqrt{d}} ; \qquad \left| \frac{\xi_1, \ldots, \xi_m}{l_1(\xi), \ldots, l_m(\xi)} \right| = |\xi_1 \ldots \xi_m| = |n(\xi)|,$$

et en multipliant ces deux relations nous aurons

$$\left| \frac{u_1, \ldots, u_m}{l_1(\xi), \ldots, l_m(\xi)} \right|.$$

Dans ce qui suit, nous considérerons surtout les r premiers logarithmes de la forme ξ ou du nombre α. Pour ces r premiers logarithmes, on a évidemment

$$\begin{aligned} l_s(\xi\eta) &= l_s(\xi) + l_s(\eta) \\ l_s(\alpha\beta) &= l_s(\alpha) + l_s(\beta) \end{aligned} \right\} \quad (s = 1, \ldots, r).$$

Nous démontrerons dès lors le

LEMME 9. — Il y a toujours dans le corps k une unité ε qui satisfait à

$$\gamma_1 l_1(\varepsilon) + \ldots + \gamma_r l_r(\varepsilon) \neq 0$$

où $\gamma_1, \gamma_2, \ldots, \gamma_r$ sont des constantes réelles quelconques données qui ne sont pas toutes nulles.

Démonstration. — Soit ω un nombre quelconque du corps qui n'est pas nul; posons pour abréger

$$L(\omega) = \gamma_1 l_1(\omega) + \ldots + \gamma_r l_r(\omega);$$

déterminons ensuite un système de r grandeurs réelles telles que $\gamma_1 \lambda_1 + \ldots + \gamma_r \lambda_r = 1$, et posons

$$\Lambda_1 = e^{\lambda_1 t}, \quad \ldots, \quad \Lambda_{r_1} = e^{\lambda_{r_1} t}, \quad \Lambda_{r_1+1} = e^{\frac{1}{2}\lambda_{r_1}+1 \cdot t}, \quad \ldots, \quad \Lambda^{\frac{1}{2}\lambda_r t}$$

où t représente un paramètre arbitraire.

Nous distinguerons deux cas suivant que les m corps conjugués $k^{(1)}, \ldots, k^{(m)}$ sont réels ou non. Dans le premier cas, nous attribuerons aux $r = m - 1$ corps $k^{(1)}, \ldots, k^{(r)}$ les grandeurs $\Lambda_1, \ldots, \Lambda_r$ et au dernier corps $k^{(m)}$ la constante

$$\Lambda_m = \frac{|\sqrt{d}|}{\Lambda_1 \ldots \Lambda_{m-1}},$$

Dans le second cas, nous attribuerons aux corps $k^{(1)}, \ldots, k^{(r)}$ les grandeurs $\Lambda_1, \ldots, \Lambda_r$. et au corps imaginaire $k^{(r+1)}$ nous ferons correspondre

$$\Lambda_{r+1} = \left| \left\{ \frac{\sqrt{d}}{\Lambda_1 \ldots \Lambda_{r_1} \Lambda_{r_1+1}^2 \ldots \Lambda_r^2} \right\}^{\frac{1}{2}} \right|.$$

Enfin, aux $m - r - 1$ corps imaginaires qui restent $k^{(r+2)}, \ldots, k^{(m)}$, nous ferons correspondre les mêmes constantes que celles qui correspondent déjà à leurs conjugués, nous désignerons ces constantes par $\Lambda_{r+2}, \ldots, \Lambda_m$.

Dans les deux cas

$$\Lambda_1 \ldots \Lambda_m = |\sqrt{d}|,$$

et les constantes $\Lambda_1, \ldots, \Lambda_m$ remplissent les conditions imposées aux constantes $\varkappa_1, \varkappa_2, \ldots, \varkappa_m$ du théorème 42.

Il y a donc, suivant ce théorème 42, un nombre α du corps k différent de zéro et tel que

$$(10) \qquad |\alpha^{(1)}| \leqslant \Lambda_1, \quad \ldots, \quad |\alpha^{(m)}| \leqslant \Lambda_m,$$

et par suite tel que $|n(\alpha)| \leqslant |\sqrt{d}|$. Mais comme $|n(\alpha)| \geqslant 1$, on a pour toutes les valeurs de $s = 1, 2, \ldots, m$

$$|\alpha^{(s)}| \geqslant \frac{1}{|\alpha^{(1)}| \ldots |\alpha^{(s-1)}| \, |\alpha^{(s+1)}| \, |\alpha^{(m)}|};$$

si donc nous tenons compte de

$$\left| \frac{1}{\alpha^{(1)}} \right| \geqslant \frac{1}{\Lambda_1}, \quad \ldots, \quad \left| \frac{1}{\alpha^{(m)}} \right| \geqslant \frac{1}{\Lambda_m}$$

et de

$$\Lambda_1 \ldots \Lambda_m = |\sqrt{d}|$$

il en résulte

$$(11) \qquad |\alpha^{(s)}| \geqslant \frac{\kappa_s}{|\sqrt{d}|}.$$

Désignons la valeur réelle de $\log |\sqrt{d}|$ par δ, (10) et (11) nous donnent

$$\left. \begin{aligned} \lambda_s t &\geqslant l_s(\alpha) \geqslant \lambda_s t - 2\delta \\ \text{ou} \qquad 0 &\leqslant |l_s(\alpha) - \lambda_s t| \leqslant 2\delta \end{aligned} \right\} \qquad (s = 1, 2, \ldots, r).$$

On voit donc que l'expression

$$\gamma_1 \{ l_1(\alpha) - \lambda_1 t \} + \ldots + \gamma_r \{ l_r(\alpha) - \lambda_r t \} = L(\alpha) - t$$

est comprise entre deux limites finies δ_1 et $\delta_2 > \delta_1$, qui ne dépendent que de d et des valeurs $\gamma_1, \ldots, \gamma_r$, mais qui ne dépendent pas de la valeur du paramètre t.

Soit une grandeur $\Delta > \delta_2 - \delta_1$ et donnons à t successivement les valeurs $t = 0$, Δ, 2Δ, 3Δ, ..., on obtiendra une suite infinie de nombres α, β, γ, ..., dont les normes prises en valeur absolue sont $\leqslant |\sqrt{d}|$ et qui de plus satisfont aux conditions $L(\alpha) < L(\beta) < L(\gamma) < \ldots$.

Comme les nombres rationnels qui en valeur absolue sont $\leqslant |\sqrt{d}|$ ne contiennent qu'un nombre fini d'idéaux différents en facteur, la suite illimitée d'idéaux principaux (α), (β), (γ), ... ne peut contenir qu'un nombre limité d'idéaux différents, et par suite on trouvera une infinité de fois dans cette suite deux idéaux égaux. Soit, par exemple $(\alpha) = (\beta)$, alors $\varepsilon = \dfrac{\beta}{\alpha}$ est une unité, et cette unité, à cause de

$$L(\varepsilon) = L(\beta) - L(\alpha) > 0,$$

remplit les conditions du lemme 9.

§ 20. — DÉMONSTRATION DE L'EXISTENCE DES UNITÉS.

Pour démontrer dès lors le théorème 47, nous choisirons dans k une unité η_1 conforme au lemme 9, telle que $l_1(\eta_1) \neq 0$, et ensuite une unité η_2 telle que le déterminant

$$\begin{vmatrix} l_1(\eta_1), & l_1(\eta_2) \\ l_2(\eta_1), & l_2(\eta_2) \end{vmatrix} \neq 0 ;$$

ensuite une unité η_3 telle que le déterminant

$$\begin{vmatrix} l_1(\eta_1), & l_1(\eta_2), & l_1(\eta_3) \\ l_2(\eta_1), & l_2(\eta_2), & l_2(\eta_3) \\ l_3(\eta_1), & l_3(\eta_2), & l_3(\eta_3) \end{vmatrix} \neq 0 ;$$

et ainsi de suite, on parvient ainsi finalement au déterminant

$$\begin{vmatrix} l_1(\eta_1), & \dots, & l_1(\eta_r) \\ \dots & \dots & \dots \\ l_r(\eta_1), & \dots, & l_r(\eta_r) \end{vmatrix} \neq 0.$$

Par suite, si H est une unité quelconque du corps, les r premiers logarithmes peuvent toujours être mis sous la forme

$$l_1(H) = e_1 l_1(\eta_1) + \dots + e_r l_1(\eta_r),$$
$$\dots \dots \dots \dots \dots \dots$$
$$l_r(H) = e_1 l_r(\eta_1) + \dots + e_r l_r(\eta_r)$$

où $e_1, \dots, e_r$ sont des grandeurs réelles. Cette représentation montre à son tour que l'on peut écrire

$$l_1(H) = m_1 l_1(\eta_1) + \dots + m_r l_1(\eta_r) + E_1,$$
$$\dots \dots \dots \dots \dots \dots \dots \dots$$
$$l_r(H) = m_1 l_r(\eta_1) + \dots + m_r l_r(\eta_r) + E_r$$

où $m_1, \dots, m_r$ sont les plus grandes valeurs numériques rationnelles entières contenues dans $e_1, \dots, e_r$. Les nombres $E_1, \dots, E_r$ sont à leur tour de la forme

$$E_1 = \mu_1 l_1(\eta_1) + \dots + \mu_r l_1(\eta_r),$$
$$\dots \dots \dots \dots \dots \dots$$
$$E_r = \mu_1 l_r(\eta_1) + \dots + \mu_r l_r(\eta_r).$$

Comme ici $\mu_1, \dots, \mu_r$ sont des valeurs réelles $\geqslant 0$ et < 1, les valeurs $E_1, \dots, E_r$ prises en valeur absolue sont inférieures à une limite $\varkappa$ qui ne dépend pas de H, c'est-à-dire que les r premiers logarithmes de l'unité

$$\bar{\bar{H}} = \frac{H}{\eta_1^{m_1} \dots \eta_r^{m_r}}$$

sont tous inférieurs à la limite $\varkappa$. Mais comme

$$l_1(\bar{\bar{H}}) + \dots + l_{r+1}(\bar{\bar{H}}) = 0,$$

la valeur absolue de $l_{r+1}(\bar{\bar{H}})$ est inférieure à $r\varkappa$, et on a les inégalités

$$|\bar{\bar{H}}^{(1)}| < e^{\varkappa}, \quad \dots, \quad |\bar{\bar{H}}^{(r)}| < e^{\varkappa}, \quad |\bar{\bar{H}}^{(r+1)}| < e^{r\varkappa},$$

c'est-à-dire que toutes les valeurs conjuguées de l'unité $\bar{\bar{H}}$ sont, en valeur absolue, inférieures à $e^{r\varkappa}$.

D'après le théorème 43, il n'existe qu'un nombre limité de pareilles unités. Désignons-les par $H_1, \dots, H_G$; il en résultera $\bar{\bar{H}} = H_S$ ou $H = H_S \eta_1^{m_1} \dots \eta_r^{m_r}$ où S est l'un des nombres $1, 2, \dots, G$. Soit H_T l'une quelconque des unités $H_1, \dots, H_G$ et formons les $G + 1$ premières puissances de H_T; d'après ce qui vient d'être dit, deux quelconques de ces puissances pourront être mises sous la forme

et
$$H_s \eta_1^{m_1'} \ldots \eta_r^{m_r'}$$
$$H_s \eta_1^{m_1''} \ldots \eta_r^{m_r''}$$

où H_S représente chaque fois la même de ces G unités; leur quotient pourra donc être mis sous la forme $\eta_1^{m_1} \ldots \eta_r^{m_r}$. Nous avons donc démontré qu'à toute unité H^T correspond un exposant M_T tel que $M_T^{M_T}$ soit un produit de puissance des unités $\eta_1, \ldots, \eta_r$. Soit M le plus petit multiple commun des composants $H_1, \ldots, H_G$, cet exposant G aura la même propriété pour toutes les G unités $H_1, \ldots, H_G$, et il en résultera que les r premiers logarithmes d'une unité quelconque H admettent la représentation

$$(12) \qquad \begin{cases} l_1(H) = \dfrac{m_1 l_1(\eta_1) + \ldots + m_r l_1(\eta_r)}{M}, \\[2mm] \cdots\cdots\cdots\cdots\cdots\cdots\cdots \\[2mm] l_r(H) = \dfrac{m_1 l_r(\eta_1) + \ldots + m_r l_r(\eta)_r}{M} \end{cases}$$

où $m_1, \ldots, m_r$ sont des nombres entiers rationnels.

En appliquant dès lors à ce système illimité de logarithmes de toutes les unités du corps le raisonnement appliqué paragraphe 3 pour le théorème (5) relatif à l'existence de la base du corps, on arrive au résultat suivant. Il y a un système de r unités $\varepsilon_1, \ldots, \varepsilon_r$ telle que les logarithmes d'une unité quelconque H du corps puisse s'exprimer par

$$l_1(H) = a_1 l_1(\varepsilon_1) + \ldots + a_r l_1(\varepsilon_r),$$
$$\cdots\cdots\cdots\cdots\cdots\cdots\cdots$$
$$l_r(H) = a_1 l_r(\varepsilon_1) + \ldots + a_r l_r(\varepsilon_r)$$

où $a_1, \ldots, a_r$ sont des entiers rationnels. Le système d'unités $\varepsilon_1, \ldots, \varepsilon_r$ satisfait aux conditions du théorème 47.

En effet : Soit H une unité quelconque, dont les logarithmes ont la forme précédente, $\rho = \dfrac{H}{\varepsilon_1^{a_1} \ldots \varepsilon_r^{a_r}}$ est une unité dont les logarithmes sont évidemment tous nuls. Une telle unité ρ est nécessairement une racine de l'unité; car, d'après ce qui a été démontré, $\rho^M = \eta_1^{m_1} \ldots \eta_r^{m_r}$ où $m_1, \ldots, m_r$ sont certains nombres entiers rationnels. En passant aux logarithmes on voit que

$$m_1 l_1(\eta_1) + \ldots + m_r l_1(\eta_r) = 0,$$
$$\cdots\cdots\cdots\cdots\cdots\cdots\cdots$$
$$m_1 l_r(\eta_1) + \ldots + m_r l_r(\eta_r) = 0,$$

c'est-à-dire $m_1 = 0, \ldots, m_r = 0$ et par suite $\rho^M = 1$. L'unité H est donc représentée comme l'exige notre théorème 47.

Il résulte de la façon dont nous avons déterminé $\varepsilon_1, \ldots, \varepsilon_r$ que

$$\begin{vmatrix} l_1(\eta_{i_1}), & \ldots, & l_1(\eta_{i_r}) \\ \cdot\cdot\cdot\cdot\cdot\cdot\cdot\cdot\cdot\cdot\cdot\cdot \\ l_r(\eta_{i_1}), & \ldots, & l_r(\eta_{i_r}) \end{vmatrix} = AR,$$

où A est un nombre entier rationnel et où R désigne

$$R = \begin{vmatrix} l_1(\varepsilon_1), & \ldots, & l_1(\varepsilon_r) \\ \cdot\cdot\cdot\cdot\cdot\cdot\cdot\cdot\cdot\cdot\cdot \\ l_r(\varepsilon_1), & \ldots, & l_r(\varepsilon_r) \end{vmatrix}.$$

Le déterminant $R \neq 0$, et par suite la représentation de H au moyen des $\varepsilon_1, \ldots, \varepsilon_r$. n'est possible que d'une seule manière.

Le théorème fondamental 47 est donc complètement démontré.

§ 21. — Les unités fondamentales. — Le régulateur du corps. — Un système d'unités indépendantes.

Le système des unités $\varepsilon_1, \ldots, \varepsilon_r$ ayant la propriété dite au théorème 47 est dit un *système d'unités fondamentales* du corps k. Il en résulte facilement que si $\varepsilon_1^*, \ldots, \varepsilon_r^*$ représente un autre système d'unités fondamentales, le déterminant des r systèmes de r logarithmes est égal au signe près à R. Nous écrirons constamment ces unités dans un ordre tel que R soit un nombre positif. Le nombre R est alors parfaitement déterminé dans le corps k et nous le nommerons le *régulateur du corps k*.

Dans le courant de la démonstration précédente nous avons reconnu qu'une unité dont tous les logarithmes sont $= 0$ est une racine de l'unité. Ce fait est contenu dans le théorème suivant, que l'on peut démontrer d'ailleurs d'une façon directe. [Kronecker[6], Minkowski[2].]

THÉORÈME 48. — Toute unité telle que sa valeur absolue égale 1, ainsi que les valeurs de toutes ses conjuguées, est une racine de l'unité.

Tout corps contient les unités $+1$ et -1, le nombre de toutes les racines de l'unité qu'on y rencontre est toujours pair, et il ne peut être > 2 que si tous les m corps conjugués sont imaginaires.

On dit qu'un système de t unités $\eta_{i_1}, \ldots, \eta_{i_t}$ forme *un système de t unités indépendantes* s'il n'existe entre ces unités aucune relation de la forme $\eta_{i_1}^{m_1} \ldots \eta_{i_t}^{m_t} = 1$ où $m_1, \ldots, m_t$ sont des nombres entiers rationnels qui ne sont pas tous nuls; t est toujours $\leqslant r$. En particulier les unités fondamentales $\varepsilon_1, \ldots, \varepsilon_r$ forment un système de r unités indépendantes. Si l'on a, d'autre part, un système quelconque de r unités indépendantes $\eta_{i_1}, \ldots, \eta_{i_r}$, il existe toujours un entier rationnel M tel que

$$\varepsilon^M = \eta_{i_1}^{m_1} \ldots \eta_{i_r}^{m_r}$$

où les exposants $m_1, \ldots, m_r$ sont des entiers rationnels; car si $\eta_s = \rho_s \varepsilon_1^{a_{1s}} \ldots \varepsilon_r^{a_{rs}}$ pour $s = 1, 2, \ldots, r$ où les ρ_s désignent des racines de l'unité et où $a_{11}, \ldots, a_{rr}$ sont des exposants entiers et rationnels, le déterminant A formé par ces exposants entiers $a_{11}, \ldots, a_{rr}$ est nécessairement $\neq$ o, et cela en vertu de l'hypothèse sur l'indépendance des unités $\eta_1, \ldots, \eta_r$. La $A^{\text{ème}}$ puissance de toute unité ε du corps est égale à un produit de puissance des $\eta_1, \ldots, \eta_r$ multiplié par une racine de l'unité ρ. Soit $\rho^E = 1$ pour toutes les racines de l'unité dans k le nombre $M = AE$ aura la propriété demandée.

La démonstration de notre théorème fondamental 47 nous a montré la possibilité d'obtenir les unités fondamentales $\varepsilon_1, \ldots, \varepsilon_r$ par un nombre limité d'opérations rationnelles. Lorsqu'on cherche à calculer ces unités de la façon la plus simple on est conduit à un algorithme semblable aux fractions continues, et ce qui forme alors le principal intérêt de la question c'est la périodicité des développements obtenus. [Minkowski[3,4].]

CHAPITRE VII.

Les classes d'idéaux des corps.

§ 22. — LA CLASSE DES IDÉAUX. — LE NOMBRE DES CLASSES D'IDÉAUX EST LIMITÉ.

Tout nombre entier du corps k détermine un idéal principal. Tout nombre fractionnaire $\varkappa$ de k peut être représenté par le quotient de deux nombres entiers α et β et par suite par le quotient de deux idéaux $\mathfrak{a}$ et $\mathfrak{b}$ $\varkappa = \dfrac{\alpha}{\beta} = \dfrac{\mathfrak{a}}{\mathfrak{b}}$.

Si nous supposons $\mathfrak{a}$ et $\mathfrak{b}$ débarrassés de tous leurs facteurs idéaux communs, la représentation du nombre $\varkappa$ par un quotient de deux idéaux est unique. Réciproquement, si le quotient $\dfrac{\mathfrak{a}}{\mathfrak{b}}$ de deux idéaux $\mathfrak{a}$ et $\mathfrak{b}$, que ceux-ci aient un facteur commun ou non, est égal au nombre entier ou à un nombre fractionnaire $\varkappa = \dfrac{\alpha}{\beta}$ du corps, on dit que les deux idéaux $\mathfrak{a}$ et $\mathfrak{b}$ sont *équivalents*, ce qu'on écrit $\mathfrak{a} \sim \mathfrak{b}$. De $\dfrac{\alpha}{\beta} = \dfrac{\mathfrak{a}}{\mathfrak{b}}$ il résulte $(\beta)\mathfrak{a} = (\varkappa)\mathfrak{b}$.

Nous reconnaîtrons donc que deux idéaux sont équivalents si en multipliant l'un et l'autre par certains idéaux principaux on obtient un même idéal. L'ensemble des idéaux équivalents à un même idéal forme une *classe d'idéaux*.

Tous les idéaux principaux sont équivalents à l'idéal (1). La classe obtenue ainsi s'appelle la *classe principale* et on la désigne par 1. Si $\mathfrak{a} \sim \mathfrak{a}'$ et $\mathfrak{b} \sim \mathfrak{b}'$, on a $\mathfrak{a}\mathfrak{a}' \sim \mathfrak{b}\mathfrak{b}'$.

Soit A une classe qui contient $\mathfrak{a}$, et B une classe qui contient $\mathfrak{b}$. La classe qui contient $\mathfrak{ab}$ est dite le *produit des classes* A et B, et on les désigne par AB.

On a évidemment $1 . B = B$, et réciproquement.

Si $A . B = B$, on a nécessairement $A = 1$.

Il est parfois avantageux d'employer la notation de quotients d'idéaux. Nous conviendrons que

$$\frac{\mathfrak{a}}{\mathfrak{a}'} = \frac{\mathfrak{b}}{\mathfrak{b}'} \qquad \text{ou} \qquad \frac{\mathfrak{a}}{\mathfrak{a}'} \sim \frac{\mathfrak{b}}{\mathfrak{b}'}$$

équivaut à $\mathfrak{ab}' = \mathfrak{a}'\mathfrak{b}$ ou $\mathfrak{ab}' \sim \mathfrak{a}'\mathfrak{b}$.

THÉORÈME 49. — Il y a toujours une classe B et une seule dont le produit par une classe A donnée est la classe principale.

Démonstration. — Soit $\mathfrak{a}$ un idéal de la classe A et α un nombre divisible par $\mathfrak{a}$, de façon que $\alpha = \mathfrak{ab}$; soit alors B la classe de l'idéal $\mathfrak{b}$, on a $AB = 1$. S'il existait une autre classe B' telle que $AB' = 1$, on aurait $ABB' = B' = B$.

La classe B est dite la *classe réciproque* de A; on la désigne par A^{-1}.

On a de plus le fait fondamental suivant :

THÉORÈME 50. — Il y a dans toute classe d'idéaux un idéal dont la norme est inférieure à la valeur absolue de la racine carrée du discriminant du corps. [Minkowski [1,3].] Le nombre des classes d'idéaux du corps de nombres est fini. [Dedekind [1], Kronecker [16].]

Démonstration. — Soit Λ une classe quelconque et soit $\mathfrak{j}$ un idéal de la classe réciproque A^{-1}; on sait d'après le théorème 46 qu'il existe un nombre entier ι divisible par $\mathfrak{j}$ dont la norme $|n(\iota)| \leqslant n(\mathfrak{j}) |\sqrt{d}|$. Soit $\iota = \mathfrak{ja}$, $\mathfrak{a}$ appartient à la classe A, et comme $|n(\iota)| = (\mathfrak{j}) n(\mathfrak{a})$, on a $n(\mathfrak{a}) \leqslant |\sqrt{d}|$. Mais comme les nombres entiers rationnels $\leqslant |\sqrt{d}|$ ne contiennent qu'un nombre fini d'idéaux en facteurs, la deuxième partie du théorème 50 est démontrée.

§ 23. — UNE APPLICATION DU THÉORÈME SUR LE NOMBRE FINI DES CLASSES.

Le théorème 50 que nous venons de démontrer permet bien des déductions, dont nous signalerons les suivantes :

THÉORÈME 51. — Si h est le nombre des classes d'idéaux, la $h^{\text{ième}}$ puissance de toute classe donne la classe principale.

Démonstration. — Considérons la suite $A, A^2, \ldots, A^{h+1}$; deux classes de cette suite coïncident nécessairement, soient A^r et A^{r+e}, comme $A^r A^e = A^r$, $A^e = 1$; il en résulte que $A^0 = 1$, A, ..., A^{e-1} sont toutes différentes entre elles. Soit B une classe différente des e précédentes; B, AB, ..., A^{e-1}B nous donnent e classes nouvelles différentes entre elles et différentes des précédentes; en continuant on voit que h est un multiple de e, ce qui démontre le théorème 51.

La $h^{\text{ième}}$ puissance d'un idéal $\mathfrak{a}$ est donc toujours un idéal principal.

THÉORÈME 52. — Soient α et β deux entiers quelconques, il y a toujours un nombre entier γ différent de o qui divise α et β et susceptible d'être mis sous la forme $\gamma = \xi\alpha + \eta\beta$ où ξ et η sont des nombres convenablement choisis. Les nombres γ, ξ, η n'appartiennent pas en général au corps déterminé par α et β. [Dedekind[1].]

THÉORÈME 53. — Pour que $\varkappa$ et ρ, $\varkappa^*$ et ρ^* soient deux couples de nombres du corps k tels que $\mathfrak{j} = (\varkappa, \rho) = (\varkappa^*, \rho^*)$, il est nécessaire et suffisant que l'on puisse trouver dans le corps k quatre nombres entiers α, β, γ, δ dont le déterminant $\alpha\delta - \beta\gamma = 1$ et tels que

$$\varkappa^* = \alpha\varkappa + \beta\rho,$$
$$\rho^* = \gamma\varkappa + \delta\rho.$$

[Hurwitz[1].]

Démonstration. — La condition est suffisante, car les équations précédentes permettent d'écrire

$$\varkappa = \alpha^*\varkappa^* + \beta^*\rho^*,$$
$$\rho = \gamma^*\varkappa^* + \delta^*\rho^*$$

où α^*, β^*, γ^*, δ sont entiers. De plus, la condition est nécessaire, car si l'on désigne par h le nombre des classes d'idéaux on a $\mathfrak{j}^h = (\varkappa^h, \rho^h) = (\varkappa^{*h}, \rho^{*h}) = (\tau)$ où τ est un entier du corps. Soit

$$\tau = \mu\varkappa^h + \nu\rho^h = \mu^*\varkappa^{*h} + \nu^*\rho^{*h}$$

où μ, ν, μ^*, ν^* sont des entiers de k; alors il est évident que les quatre entiers

$$\alpha = \frac{\mu\varkappa^*\varkappa^{h-1} + \nu^*\rho\rho^{*h-1}}{\tau}, \qquad \beta = \frac{\nu\varkappa^*\rho^{h-1} - \nu^*\gamma\rho^{*h-1}}{\tau},$$

$$\gamma = \frac{\mu\rho^*\varkappa^{h-1} - \mu^*\rho\varkappa^{*h-1}}{\tau}, \qquad \delta = \frac{\nu\rho^*\rho^{h-1} + \mu^*\varkappa\varkappa^{*h-1}}{\tau}$$

satisfont aux conditions du théorème 53. On voit que $\alpha\delta - \beta\gamma = 1$ en faisant le produit des déterminantes

$$-\tau = \begin{vmatrix} \mu\varkappa^{h-1}, & \rho \\ \nu\rho^{h-1}, & -\varkappa \end{vmatrix} \quad \text{et} \quad -\tau = \begin{vmatrix} \varkappa^*, & \nu^*\rho^{*h-1} \\ \rho^*, & -\mu^*\varkappa^{*h-1} \end{vmatrix}$$

D'après le théorème 12, tout idéal peut être mis sous la forme $\mathfrak{j} = (\varkappa, \rho)$. Posons $\theta = \dfrac{\varkappa}{\rho}$: le nombre entier ou fractionnaire θ détermine complètement la classe d'idéaux à laquelle appartient j. Nous dirons que θ est le *nombre fractionnaire* attribué à la classe d'idéaux. Le théorème 53 nous montre que si $\theta^* = \dfrac{\varkappa^*}{\rho^*}$ est une autre fraction attribuée à cette classe d'idéaux, il existe dans le corps k nécessairement quatre nombres $\varkappa$, β, γ, δ de déterminants 1 tels que $\theta^* = \dfrac{\alpha\theta + \beta}{\gamma\theta + \delta}$.

§ 24. — COMMENT ON ÉTABLIT LE SYSTÈME DES CLASSES D'IDÉAUX. — SENS PLUS RESTREINT DE LA NOTION DE CLASSE.

La démonstration du théorème 50 nous donne un moyen simple de trouver par un nombre fini d'opérations rationnelles un système complet d'idéaux qui ne soient pas équivalents. Il suffit de considérer tous les idéaux dont la norme $\leqslant \left| \sqrt{d} \right|$. Pour voir s'il y a parmi ces idéaux des idéaux équivalents il suffit de former tous les produits deux à deux; soit j un de ces produits, cherchons dans j un nombre $\iota \neq 0$ et de norme minima en valeur absolue, il suffira de voir si $j = (\iota)$ et de reconnaître ainsi si les deux facteurs appartiennent à des classes réciproques. Le théorème 46 nous montre que ceci pourra s'effectuer par un nombre limité d'opérations. Soit $\iota_1, \ldots, \iota_m$ la base de l'idéal j, il suffit de déterminer pour $u_1, \ldots, u_m$ des valeurs entières rationnelles $\neq 0$ telles que les valeurs absolues des parties réelles et des parties imaginaires de $u_1 \iota_1^{(s)} + \ldots + u_m \iota_m^{(s)}$ pour $s = 1, \ldots, m$ soient toutes inférieures à des limites déterminées. Il suffit pour cela d'un nombre limité d'opérations. Nous verrons de même qu'étant donné un idéal un nombre limité d'opérations rationnelles permet de déterminer la classe auquel il appartient.

Nous remarquerons que dans certaines circonstances il pourra être utile de considérer *un sens restreint de la notion d'équivalence ou de classes*, et on dira alors que deux idéaux ne sont équivalents que si leur quotient est un nombre entier ou fractionnaire de norme positive. [Dedekind[1].]

§ 25. — UN THÉORÈME AUXILIAIRE RELATIF À LA VALEUR ASYMPTOTIQUE DU NOMBRE DE TOUS LES IDÉAUX PRINCIPAUX QUI SONT DIVISIBLES PAR UN IDÉAL DONNÉ.

Dirichlet a exprimé le nombre des classes des formes binaires de déterminant donné par une voie transcendante. [Dirichlet[7,8].] Dedekind, suivant son exemple et en se basant sur les résultats du chapitre VI concernant les unités d'un corps, parvint à établir une formule fondamentale à l'aide de laquelle le nombre h des classes d'idéaux d'un corps quelconque se présente comme la limite d'une certaine série infinie. [Dedekind[1].] Pour atteindre cette formule nous démontrerons tout d'abord le théorème suivant :

LEMME 10. — Si t est une certaine variable positive et T le nombre de tous les idéaux principaux divisibles par $\mathfrak{a}$ dont la norme $\leqslant t$, on a

$$\operatorname*{L}_{t=\infty} \frac{T}{t} = \frac{2^{r_1 + r_2} \pi^{r_2}}{w} \cdot \frac{1}{n(\mathfrak{a})} \frac{R}{\left|\sqrt{d}\right|}$$

où w est le nombre des racines de l'unité que l'on rencontre dans k et où R désigne le régulateur du corps. r_1, r_2 ont le sens indiqué au théorème 47. L signifie limite.

Démonstration. — Soit $\alpha_1, \ldots, \alpha_m$ une base de l'idéal $\mathfrak{a}$; tout nombre entier divisible par $\mathfrak{a}$ est de la forme

$$\eta = \eta(v) = v_1 \alpha_1 + \ldots + v_m \alpha_m = f_1(v) \omega_1 + \ldots + f_m(v) \omega_m$$

où $v_1, \ldots, v_m$ sont des entiers rationnels et $f_1(v), \ldots, f_m(v)$ sont des formes linéaires à coefficients entiers rationnels des $v_1, \ldots, v_m$.

Considérons les $v_1, \ldots, v_m$ comme des variables réelles et posons

$$u_1 = \frac{f_1(v)}{\left|\sqrt[m]{n(\eta)}\right|}, \quad \ldots, \quad u_m = \frac{f_m(v)}{\left|\sqrt[m]{n(\eta)}\right|},$$

$$\xi = \xi(v) = u_1 \omega_1 + \ldots + u_m \omega_m = \frac{\eta(v)}{\left|\sqrt[m]{n(\eta)}\right|},$$

$u_1, \ldots, u_m$ seront des fonctions bien déterminées de $v_1, \ldots, v_m$ et ξ est une forme pour laquelle $n(\xi) = \pm 1$. Nous calculerons les r premiers logarithmes de la forme ξ et de là nous tirerons r grandeurs réelles $e_1(\xi), \ldots, e_r(\xi)$ telles qu'en désignant par $\varepsilon_1, \ldots, \varepsilon_r$ un système d'unités fondamentales on ait

$$l_1(\xi) = e_1(\xi) l_1(\varepsilon_1) + \ldots + e_r(\xi) l_1(\varepsilon_r),$$

$$\cdots\cdots\cdots\cdots\cdots\cdots\cdots\cdots\cdots$$

$$l_r(\xi) = e_1(\xi) l_r(\varepsilon_1) + \ldots + e_r(\xi) l_r(\varepsilon_r);$$

nous dirons dans le courant de ce § 25 que ces grandeurs $e_1, \ldots, e_r$ sont les exposants de η.

Si l'on prend pour les $v_1, \ldots, v_m$ des valeurs entières rationnelles qui ne sont pas toutes nulles, il est évident que le nombre η ainsi obtenu peut être transformé en le multipliant par des puissances des unités $\varepsilon_1, \ldots, \varepsilon_r$ en un nombre dont les exposants $e_1, \ldots, e_r$ satisfont à

$$(13) \qquad 0 \leqslant e_1 < 1, \quad \ldots, \quad 0 \leqslant e_r < 1.$$

Réciproquement, on voit que deux nombres η, η^* dont les exposants sont égaux ne peuvent différer que par un facteur qui est une racine de l'unité. Si donc le nombre des racines de l'unité situées dans k est w, wT où T est le nombre des idéaux principaux divisibles par $\mathfrak{a}$ et de norme $\leqslant t$ est égal au nombre des systèmes de valeurs numériques entières différentes des $v_1, \ldots, v_m$ tels que $n(\eta) \leqslant t$ et telles que les exposants $e_1, \ldots, e_r$ satisfassent à (13).

Posons

$$\tau = t^{-\frac{1}{m}}, \quad v_1 = \frac{\varphi_1}{\tau}, \quad \ldots, \quad v_m = \frac{\varphi_m}{\tau};$$

la forme ξ et par suite les grandeurs $l_1(\tfrac{\xi}{\tau}), \ldots, l_r(\tfrac{\xi}{\tau})$, $e_1, \ldots, e_r$ resteront indépendantes de τ et contiendront seulement les m nouvelles variables $\varphi_1, \ldots, \varphi_m$. L'inégalité $|n(\eta)| \leqslant t$ devient $|n(\eta(\varphi))| \leqslant 1$; de plus, en vertu de (13), les r logarithmes $l_1(\xi), \ldots, l_r(\xi)$ et à cause de $l_1(\tfrac{\xi}{\tau}) + \ldots + l_{r+1}(\tfrac{\xi}{\tau}) = ln(\tfrac{\xi}{\tau}) = 0$; aussi $l_{r+1}(\tfrac{\xi}{\tau})$ sont tous en valeur absolue inférieurs à certaines limites finies déterminées par les $\varepsilon_1, \ldots, \varepsilon_r$; il en résulte qu'il en est de même pour toutes les grandeurs $|\xi^{(1)}(\xi)|, \ldots, |\xi^{(m)}(\varphi)|$ et par suite à cause de $|n(\eta(\varphi))| < 1$ les m grandeurs $|\eta^{(1)}(\varphi)|, \ldots, |\eta^{(m)}(\varphi)|$ sont inférieures à des limites finies. Il en résulte que les conditions (13), en y adjoignant l'inégalité $|n(\eta(\varphi))| \leqslant 1$, définissent un espace limité dans l'espace à m dimensions déterminé par les m coordonnées $\varphi_1, \ldots, \varphi_m$.

Rappelons que nous avons vu au § 19 que les valeurs fonctionnelles $l_1(\eta), \ldots, l_r(\eta)$ nous donnent 2^{r_1} déterminations des variables $\varphi_1, \ldots, \varphi_m$; d'après la définition de l'intégrale multiple on a

$$\underset{\tau=0}{\mathrm{L}} \left\{ w \mathrm{T} \tau^m \right\} = 2^{r_1} \int \int \ldots \int d\varphi_1 d\varphi_2 \ldots d\varphi_m,$$

où il faut étendre l'intégration à tout le volume déterminé par

$$0 \leqslant e_1 \leqslant 1, \quad \ldots, \quad 0 \leqslant e_r \leqslant 1, \quad |n(\eta(\varphi))| \leqslant 1$$

dans l'espace à m dimensions.

Pour déterminer la valeur de cette intégrale qui est finie, nous ferons le changement de variables suivant : nous prendrons pour nouvelles variables

$$\psi_1 = e_1(\xi), \quad \ldots, \quad \psi_r = e_r(\xi),$$
$$\psi_{r+1} = |n(\eta)|, \quad \psi_{r+2} = l_{r+1}(\xi), \quad \ldots, \quad \psi_m = l_m(\xi)$$

où ξ et η dépendent de $\varphi_1, \ldots, \varphi_m$.

Ces m grandeurs sont toutes des fonctions analytiques, uniformes et régulières de $\varphi_1, \ldots, \varphi_m$ à l'intérieur du domaine d'intégration

$$0 \leqslant \psi_1 \leqslant 1, \quad \ldots, \quad 0 \leqslant \psi_r \leqslant 1, \quad 0 \leqslant \psi_{r+1} \leqslant 1,$$
$$0 \leqslant \psi_{r+2} \leqslant 2\pi, \quad \ldots, \quad 0 \leqslant \psi_m \leqslant 2\pi.$$

On a donc

$$\int \ldots \int d\varphi_1 \ldots d\varphi_m = \int \ldots \int \left| \frac{\varphi_1, \ldots, \varphi_m}{\psi_1, \ldots, \psi_m} \right| d\psi_1 \ldots d\psi_m.$$

D'après les calculs du § 19,

$$\left|\frac{f_{\iota}, \ldots, f_{m}}{l_{\iota}(\eta), \ldots, l_{m}(\eta)}\right| = \left|\frac{n(\eta)}{\sqrt{d}}\right|;$$

de plus, comme

$$ln(\eta) = l_{\iota}(\eta) + \ldots + l_{r+\iota}(\eta), \qquad l_{s}(\xi) = l_{s}(\eta) - \frac{1}{m}\, ln(\eta),$$
$$(s = 1, 2, \ldots, r)$$

on a

$$\left|\frac{l_{\iota}(\eta), \ldots, l_{r}(\eta)\, l_{r-\iota}(\eta)}{l_{\iota}(\eta), \ldots, l_{r}(\eta),\, ln(\eta)}\right| = 1, \qquad \left|\frac{l_{\iota}(\eta), \ldots, l_{r}(\eta),\, ln(\eta)}{l_{\iota}(\xi), \ldots, l_{r}(\xi),\, ln(\eta)}\right| = 1;$$

et comme enfin

$$l_{r-\iota}(\eta) = l_{r-\iota}(\xi), \qquad \ldots, \qquad l_{m}(\eta) = l_{m}(\xi),$$

$$\left|\frac{ln(\eta)}{n(\eta)}\right| = \frac{1}{|n(\eta)|}, \qquad \left|\frac{\varphi_{\iota}, \ldots, \varphi_{m}}{f_{\iota}(\psi), \ldots, f_{m}(\varphi)}\right| = \frac{1}{n(\mathfrak{a})}, \qquad \left|\frac{l_{\iota}(\xi), \ldots, l_{r}(\xi)}{\psi_{\iota}, \ldots, \psi_{r}}\right| = R,$$

on voit que

$$\left|\frac{\varphi_{\iota}, \ldots, \varphi_{m}}{\psi_{\iota}, \ldots, \psi_{m}}\right| = \frac{R}{n(\mathfrak{a})\,|\sqrt{d}|}.$$

L'intégrale précédente a donc la valeur $\dfrac{(2\pi)^{r_{\iota}}R}{n(\mathfrak{a})\,|\sqrt{d}|}$, ce qui démontre le théorème auxiliaire.

Dans ce qui suit nous poserons

$$\varkappa = \frac{2^{r_{\iota}+r_{\iota}}\pi^{r_{\iota}}}{w} \cdot \frac{R}{|\sqrt{d}|},$$

de sorte que $\varkappa$ est une grandeur déterminée par le corps k seul; et cette grandeur $\varkappa$ caractérise le corps k.

§ 26. — LA DÉTERMINATION DU NOMBRE DES CLASSES PAR LE RÉSIDU DE $\zeta(s)$ POUR $s = 1$.

THÉORÈME 54. — Si l'on désigne par T le nombre de tous les idéaux d'une classe A dont les normes sont $\leqslant t$, on a

$$\underset{t=\infty}{L}\frac{T}{t} = \varkappa.$$

Démonstration. — Soit $\mathfrak{a}$ un idéal de la classe A^{-1} réciproque de A, et supposons que $\mathfrak{r}$ représente successivement tous les idéaux de la classe A, le produit $\mathfrak{r}\mathfrak{a}$ représentera tous les idéaux principaux divisibles par $\mathfrak{a}$, et ne représentera qu'une fois chacun d'eux. Si donc dans la formule du lemme 10 nous remplaçons τ par $t = n(\mathfrak{a})t'$,

T représentera aussi le nombre des idéaux $\mathfrak{r}$ de A pour lesquels $n(\mathfrak{r}) < t'$. En divisant par $n(\mathfrak{a})$ nous aurons la formule que nous voulons démontrer pour $t = t'$.

Comme le nombre $\varkappa$ est indépendant du choix de la classe A, le théorème 54 nous amène immédiatement au

THÉORÈME 55. — Si l'on désigne par T le nombre de tous les idéaux du corps k dont les normes sont $\leqslant t$, et si l'on désigne par h le nombre des classes d'idéaux, on a

$$\underset{t=\infty}{\mathrm{L}} \frac{\mathrm{T}}{t} = h\varkappa.$$

On peut, par des méthodes analytiques, déduire de cette formule une expression fondamentale pour h.

THÉORÈME 56. — La série illimitée

$$\zeta(s) = \underset{(\mathfrak{j})}{\Sigma} \frac{1}{n(\mathfrak{j})^s},$$

où $\mathfrak{j}$ parcourt tous les idéaux du corps, converge pour les valeurs réelles de $s > 1$, et on a

$$\underset{s=1}{\mathrm{L}} \left\{ (s - 1)\zeta(s) \right\} = h\varkappa.$$

[Dedekind[1].]

Démonstration. — Désignons par $\mathrm{F}(n)$ le nombre des idéaux différents de norme on a évidemment, si T a la même signification qu'au théorème 55,

$$\underset{t=\infty}{\mathrm{L}} \frac{\mathrm{T}}{t} = \underset{n=\infty}{\mathrm{L}} \frac{\mathrm{F}(1) + \mathrm{F}(2) + \ldots + \mathrm{F}(n)}{n}.$$

La limite du second membre peut être considérée, comme nous allons le voir, comme la valeur limite d'une série illimitée. [Dirichlet[15].] Nous ordonnerons tous les idéaux $\mathfrak{j}$ du corps d'après la grandeur de leurs normes, nous écrirons la suite $\mathfrak{j}_1, \mathfrak{j}_2, \ldots, \mathfrak{j}_t, \ldots$ et nous désignerons la norme de $\mathfrak{j}_t$ par n_t; alors

$$\mathrm{F}(1) + \ldots + \mathrm{F}(n_t - 1) < t \leqslant \mathrm{F}(1) + \ldots + \mathrm{F}(n_t)$$

ou

$$\frac{\mathrm{F}(1) + \ldots + \mathrm{F}(n_t - 1)}{n_t - 1} \left(1 - \frac{1}{n_t} \right) < \frac{t}{n_t} \leqslant \frac{\mathrm{F}(1) + \ldots + \mathrm{F}(n_t)}{n_t};$$

il en résulte, d'après le théorème 55,

$$\underset{t=\infty}{\mathrm{L}} \frac{t}{n_t} = h\varkappa,$$

c'est-à-dire qu'étant donné la grandeur positive δ aussi petite que l'on veut il est toujours possible de choisir un nombre entier t assez grand pour que

$$(14) \qquad \frac{h\varkappa - \delta}{t'} < \frac{1}{n_{t'}} < \frac{h\varkappa + \delta}{t'}.$$

pour tous les nombres $t' \geqslant t$.

D'autre part, on sait que si s désigne un nombre réel > 1, la suite

$$\sum_{(t)} \frac{1}{t^s} = \frac{1}{1^s} + \frac{1}{2^s} + \frac{1}{3^s} + \cdots$$

est convergente et que

$$\mathop{\mathrm{L}}_{s=1} \left\{ (s-1) \sum_{(t)} \frac{1}{t^s} \right\} = 1.$$

La dernière égalité nous montre que

$$\mathop{\mathrm{L}}_{s=1} \left\{ (s-1) \sum_{t'} \frac{1}{t'^s} \right\} = 1,$$

lorsque t' parcourt toutes les valeurs supérieures à un nombre donné. De plus, l'inégalité $\dfrac{1}{n_{t'}} < \dfrac{h\varkappa + \delta}{t'}$ nous permet de conclure la convergence de la série

$$\sum_{(t)} \frac{1}{n_t^s} = \sum_{(j)} \frac{1}{n(j)^s}$$

pour $s > 1$, t prenant toutes les valeurs entières positives et j représentant successivement tous les idéaux du corps k.

De plus, les inégalités (14) nous donnent la formule

$$(h\varkappa - \delta)^s (s-1) \sum_{(t')} \frac{1}{t'^s} < (s-1) \sum_{(t')} \frac{1}{n_{t'}^s} < (h\varkappa + \delta)^s (s-1) \sum_{(t')} \frac{1}{t'^s}$$

où les sommations s'étendent à toutes les valeurs entières t' qui sont $\geqslant t$. Passant à la limite pour $s = 1$, on voit que

$$h\varkappa - \delta \leqslant \mathop{\mathrm{L}}_{s=1} \left\{ (s-1) \sum_{(t')} \frac{1}{n_{t'}^s} \right\} \leqslant h\varkappa + \delta.$$

Mais on a

$$\mathop{\mathrm{L}}_{s=1} \left\{ (s-1) \sum_{(j)} \frac{1}{n(j)^s} \right\} = \mathop{\mathrm{L}}_{s=1} \left\{ (s-1) \sum_{(t)} \frac{1}{n_t^s} \right\} = \mathop{\mathrm{L}}_{s=1} \left\{ (s-1) \sum_{(t')} \frac{1}{n_{t'}^s} \right\},$$

et cette limite est à la fois $\geqslant h\varkappa - \delta$ et $\leqslant h\varkappa + \delta$, et comme δ est un nombre aussi petit que l'on veut, cette limite $= h\varkappa$.

Le théorème 56 est démontré.

§ 27. — On a d'autres développements de $\zeta(s)$.

$\zeta(s)$ peut encore être représentée de trois autres façons différentes :

$$\zeta(s) = \sum_{(n)} \frac{F(n)}{n^s} \, ;$$

$$= \prod_{(\mathfrak{p})} \frac{1}{1 - n(\mathfrak{p})^{-s}} \, ;$$

$$= \prod_{(p)} \left(\frac{1}{1 - p^{-f_1 s}} \cdot \frac{1}{1 - p^{-f_2 s}} \cdots \frac{1}{1 - p^{-f_e s}} \right) \colon$$

Dans la première expression la sommation s'étend à tous les nombres entiers rationnels pris pour n; dans la deuxième expression le produit s'étend à tous les idéaux premiers du corps; dans la troisième il s'étend à tous les nombres premiers du corps, $f_1, f_2, \ldots, f_e$ désignant les degrés des idéaux premiers contenus dans p. Toutes ces sommes et ces produits infinis convergent pour $s > 1$, et comme les termes sont tous positifs, la convergence ne dépend pas de l'ordre des termes.

§ 28. — La composition des classes d'idéaux d'un corps.

Nous établirons le théorème suivant qui concerne la représentation des classes d'idéaux par des produits. [Schering [1], Kronecker [11].]

Théorème 57. — Il y a toujours q classes $A_1, \ldots, A_q$ telles que toute autre classe A puisse être mise sous la forme $A = A_1^{x_1}, \ldots, A_q^{x_q}$ et cela d'une seule manière; $x_1, \ldots, x_q$ prennent les valeurs entières $0, 1, 2, \ldots$ jusqu'à $h_1 - 1, \ldots, h_{q-1}$, et on a $A_q^{h_q} = 1$, $\ldots, A_q^{h_q} = 1$ et $h = h_1 \ldots h_q$.

Démonstration. — Cherchons pour chaque classe le plus petit exposant e_1 tel que $A^{e_1} = 1$. Soit h_1 le plus grand de ces exposants e_1 et soit H_1 une classe donnant l'exposant h_1. Cherchons maintenant pour chaque classe le plus petit exposant e_2 tel que A^{e_2} soit une puissance de H_1. Soit h_2 le plus grand de ces e_2 et soit H_2 une classe donnant l'exposant h_2. Cherchons maintenant pour chaque classe A le plus petit exposant $e_3 > 0$ tel que A^{e_3} soit un produit de puissance des classes H_1, H_2; soit h_3 le plus grand de ces e_3 et H_3 une classe donnant h_3. Si l'on continue ainsi on voit que l'on obtient une suite de classes $H_1, H_2, \ldots, H_q$ qui ont la propriété suivante :

Toute classe A peut être mise d'une façon et d'une seule sous la forme

$$A = H_1^{x_1} \ldots H_q^{x_q}$$

$x_1, \ldots, x_q$ ayant les valeurs indiquées au théorème 57.

Soit

$$(15) \qquad H_s^{h_s} = H_t^{a_t} H_{t-1}^{a_{t-1}} \ldots H_1^{a_1},$$

où $t < s$ et où a_t, a_{t-1}, ..., a_1 sont certains exposants entiers.

D'après nos conventions

$$H_s^{h_t} = H_{t-1}^{b_{t-1}} \ldots H_1^{b_1},$$

où b_{t-1}, ..., b_1 sont certains nombres entiers, il faut donc que h_t soit divisible par h_s sans quoi il y aurait une puissance moindre que la $h_s^{\text{ème}}$ de H_s qui pourrait être représentée par un produit des classes H_t, H_{t-1}, ..., H_1.

Soit $h_t = h_s l_t$; il en résulte que $H_t^{a_t l_t}$ est représentable par un produit des classes H_{t-1}, ..., H_1, c'est-à-dire que $a_t l_t$ est divisible par h_t ou que a_t est divisible par h_s. Posons $a_t = h_s c_s$, et, au lieu de choisir H_s, choisissons la classe $H_s' = H_s H_t^{-c_s}$: l'égalité (15) devient

$$H_s'^{h_s} = H_{t-1}^{a_{t-1}} \ldots H_1^{a_1}.$$

En continuant nous arriverons à remplacer H_s par une classe A_s telle que $A_s^{h_s} = 1$.

On peut, de plus, faire en sorte que dans ce mode de représentation les nombres h_1, ..., h_q soient des nombres premiers ou des puissances de nombres premiers. Soit $g = p' p'' \ldots$ où $p' p''$ sont des puissances de nombres premiers différents; on posera, si B est la classe appartenant à g,

$$B' = B^{\frac{g}{p'}}, \qquad B'' = B^{\frac{g}{p''}}, \qquad \ldots,$$

nous aurons alors $B'^{p'} = 1$, $B''^{p''} = 1$, ..., et si l'on écrit

$$\frac{1}{g} = \frac{a'}{p'} + \frac{a''}{p''} + \ldots,$$

on aura $B = B'^{a'} B''^{a''} \ldots$. On pourra introduire B', B'', ... au lieu de B.

Lorsque les classes A sont choisies de la manière qui vient d'être indiquée, on dit qu'elles forment un *système de classes fondamentales*.

§ 29. — LES CARACTÈRES D'UNE CLASSE D'IDÉAUX. — UNE GÉNÉRALISATION DE LA FONCTION $\zeta(s)$.

Supposons que l'on ait choisi un système de classes fondamentales, toute classe se trouvera bien déterminée par les exposants x_1, ..., x_q et par suite par les q racines de l'unité

$$\chi_1(A) = e^{\frac{2i\pi x_1}{h_1}}, \qquad \ldots, \qquad \chi_r(A) = e^{\frac{2i\pi x_r}{h_r}}.$$

Ces q racines de l'unité $\chi(A)$ sont dites *les caractères de la classe* A. Si $\chi(A)$ et $\chi(B)$ sont des caractères de A et de B, $\chi(AB) = \chi(A)\chi(B)$. Le caractère $\chi(A)$ d'une classe est aussi considéré comme le caractère $\chi(\mathfrak{a})$ de tout idéal $\mathfrak{a}$ contenu dans A.

A l'aide des caractères on peut former une fonction qui est une généralisation de la fonction $\zeta(s)$ que l'on vient de considérer et qui admet un semblable développement en produit infini. [Dedekind[1].] Cette fonction est

$$\sum_{(\mathfrak{j})} \frac{\chi(\mathfrak{j})}{n(\mathfrak{j})^s} = \prod_{(\mathfrak{p})} \frac{1}{1 - \chi(\mathfrak{p})\, n(\mathfrak{p})^{-s}}$$

où la somme s'étend à tous les idéaux $\mathfrak{j}$ du corps k et le produit à tous ses idéaux premiers $\mathfrak{p}$.

CHAPITRE VIII.

Les formes décomposables du corps.

§ 3o. — Les formes décomposables du corps. — Les classes de formes et leur composition.

Soient $\xi^{(1)}, \ldots, \xi^{(m)}$ m formes linéaires des m variables $u_1, \ldots, u_m$ avec des coefficients quelconques réels ou imaginaires, le produit

$$U(u_1, \ldots, u_m) = \xi^{(1)} \ldots \xi^{(m)}$$

est dit une *forme décomposable* de degré m des m variables $u_1, \ldots, u_m$. Les coefficients des produits de $u_1, \ldots, u_m$ sont dits les *coefficients de la forme*. Si l'on tient compte des formules

$$-\frac{\partial^2 \log U}{\partial u_r \partial u_s} = \frac{\partial \log \xi^{(1)}}{\partial u_r} \frac{\partial \log \xi^{(1)}}{\partial u_s} + \ldots + \frac{\partial \log \xi^{(m)}}{\partial u_r} \frac{\partial \log \xi^{(m)}}{\partial u_s},$$
$$(r, s = 1, \ldots, m)$$

on voit, d'après le théorème relatif à la multiplication des déterminants, que le carré du déterminant des m formes linéaires $\xi^{(1)}, \ldots, \xi^{(m)}$ est égal à

$$(-1)^m U^2 \Sigma \pm \frac{\partial^2 \log U}{\partial u_1 \partial u_1} \ldots \frac{\partial^2 \log U}{\partial u_m \partial u_m}$$

et qu'il est par suite égal à une fonction entière à coefficients entiers de U; on lui donne le nom de *discriminant de la forme* U. Une forme U, dont les coefficients sont des entiers rationnels sans diviseur commun, prend le nom de *forme primitive;* elle est une forme unité rationnelle.

Supposons qu'en particulier $\alpha_1, \ldots, \alpha_m$ forment une base d'un idéal $\mathfrak{a}$, la norme $n(\xi) = n(\alpha_1 u_1 + \ldots + \alpha_m u_m)$ est une forme décomposable de degré m. Les coefficients de cette forme sont des entiers dont le plus grand commun diviseur est $n(\mathfrak{a})$. Lorsqu'on supprime ce facteur on crée une forme U, à laquelle on donne le nom de *forme décomposable du corps k* et qui a les propriétés suivantes :

Si l'on remplace la base $\alpha_1, \ldots, \alpha_m$ par une autre base $\alpha_1^*, \ldots, \alpha_m^*$ du même idéal $\mathfrak{a}$ on obtient une nouvelle forme U^* qui se déduit de U par une transformation linéaire à coefficients entiers rationnels et dont le déterminant $= \pm 1$. Si l'on réunit toutes ces formes transformées dans le concept de *classes de forme*, on voit qu'à chaque idéal $\mathfrak{a}$ correspond une classe de formes. On obtient la même classe de formes en partant de $\alpha\mathfrak{a}$ au lieu de partir de $\mathfrak{a}$, α désignant un nombre quelconque entier ou fractionnaire du corps, c'est-à-dire qu'à chaque idéal d'une même classe correspond une même classe de formes.

Comme il est évident que le discriminant de la forme $n(\xi) = n(\mathfrak{a})U$ est égal à $n(\mathfrak{a})^2 d$, il en résulte :

Théorème 58. — Le discriminant d'une forme décomposable U du corps est égal au discriminant du corps. [Dedekind [1].]

Les propriétés des formes U que nous venons d'énoncer les déterminent complètement; car on a le théorème réciproque.

Théorème 59. — Soit U une forme primitive, décomposable dans k, mais indécomposable dans tout corps de degré inférieur, de degré m et de discriminant d égal au discriminant du corps, nous pouvons affirmer qu'il y a dans k au moins une et au plus m classes d'idéaux auxquelles appartient cette forme U.

Démonstration. — Soit, par exemple,

$$\eta = \nu_1 u_1 + \ldots + \nu_m u_m$$

un facteur linéaire de U, dont les coefficients sont des nombres de k, nous multiplierons η par un nombre a tel que

$$\xi = a\eta = \alpha_1 u_1 + \ldots + \alpha_m u_m$$

soit une forme linéaire à coefficients entiers $\alpha_1, \ldots, \alpha_m$. Posons $\mathfrak{a} = (\alpha_1, \ldots, \alpha_m)$: on voit, d'après le théorème 20, que $n(\xi) = n(\mathfrak{a})U$, et comme le discriminant de la forme U est égal au discriminant du corps, on voit que

$$\begin{vmatrix} \alpha_1', & \ldots, & \alpha_m' \\ \cdots & \cdots & \cdots \\ \alpha_1^{(m-1)}, & \ldots, & \alpha_m^{(m-1)} \end{vmatrix}^2 = n(\mathfrak{a})^2 d.$$

Il résulte de là, grâce à la réciproque du théorème 19, que $\alpha_1, \ldots, \alpha_m$ forment la base de l'idéal $\mathfrak{a}$.

64 D. HILBERT.

Si les deux formes U et V correspondent aux deux idéaux $\mathfrak{a}$ et $\mathfrak{b}$, la forme W, qui correspond à l'idéal $\mathfrak{c} = \mathfrak{a}\mathfrak{b}$, est dite une *forme composée* de U et de V. [Dedekind[1].]

D'après ce qui vient d'être dit, reconnaître si deux formes données du corps k appartiennent ou non à la même classe, cela revient à reconnaître l'équivalence de deux idéaux donnés. Cette recherche n'exige qu'un nombre fini d'opérations. (Voir § 24.)

CHAPITRE IX.

Les anneaux du corps.

§ 31. — L'anneau. — L'idéal d'anneau et ses propriétés les plus importantes.

Soient θ, η, ... des nombres algébriques quelconques appartenant au domaine de rationnalité du corps k de degré m, on appellera *anneau de nombres*, *anneau* ou *domaine d'intégrité* le système formé par toutes les fonctions entières de θ, η, ... à coefficients entiers rationnels.

La somme, la différence, le produit de deux nombres de l'anneau donnent un nombre de l'anneau. Le concept d'anneau est donc invariant relativement à l'addition, la soustraction et la multiplication.

Le plus grand anneau du corps est celui que déterminent ω_1, ... ω_m où ω_1, ..., ω_m forment une base du corps. Tout anneau r contient m entiers ρ_1, ..., ρ_m tels que tout autre nombre de l'anneau ρ puisse être mis sous la forme

$$\rho = a_1 \rho_1 + \ldots + a_m \rho_m,$$

a_1, ..., a_m étant des entiers rationnels. On dit que ρ_1, ..., ρ_m forment une *base de l'anneau*. Désignons par ρ'_1, ..., ρ'_m, $\rho_1^{(m-1)}$, ..., $\rho_m^{(m-1)}$ les nombres conjugués de ρ_1, ..., ρ_m le carré du déterminant

$$\begin{vmatrix} \rho_1, & \cdots, & \rho_m \\ \rho'_1, & \cdots, & \rho'_m \\ \cdot & \cdot & \cdot \\ \rho_1^{(m-1)}, & \cdots, & \rho_m^{(m-1)} \end{vmatrix}$$

est un nombre rationnel et on le nomme le *discriminant de d_r de l'anneau r*.

Un *idéal d'anneau* ou un *idéal de l'anneau r* est un système illimité de nombres entiers algébriques α_1, α_2, ... de l'anneau r qui a la propriété suivante : toute combinaison linéaire $\lambda_1 \alpha_1 + \lambda_2 \alpha_2 + \ldots$ appartient au système, les coefficients λ_1, λ_2, ... étant des nombres quelconques de l'anneau r.

Tout idéal d'anneau contient m nombres entiers $i_1, \ldots, i_m$ telles que tout nombre de l'idéal d'anneau soit égal à une combinaison linéaire de la forme

$$a_1 i_1 + \ldots + a_m i_m$$

où $a_1, \ldots, a_m$ sont des entiers rationnels. Les nombres $i_1, \ldots, i_m$ forment une *base de l'idéal d'anneau*.

On démontre l'existence d'une base de l'anneau et celle d'une base de l'idéal d'anneau exactement comme on a démontré l'existence d'une base du corps et celle d'une base d'un idéal aux §§ 3 et 4.

On a les théorèmes suivants : [Dedekind[8].]

Théorème 60. — Soient $i_1, \ldots, i_m$ m entiers quelconques du corps k qui ne sont liés par aucune relation linéaire à coefficients entiers, il existe toujours un anneau r tel qu'en désignant par A un nombre entier rationnel convenablement choisi $Ai_1, \ldots, Ai_m$ formant la base d'un idéal de l'anneau.

Le théorème 60 se déduit du théorème suivant :

Théorème 61. — Il y a dans chaque anneau r des idéaux d'anneaux j_r qui sont aussi des idéaux du corps.

Démonstration. — Exprimons $\omega_1, \ldots, \omega_m$ en fonction des m nombres de base $\rho_1, \ldots, \rho_m$ de l'anneau sous la forme

$$\omega_i = \frac{a_{i1}\rho_1 + \ldots + a_{im}\rho_m}{A} \qquad (i = 1, 2, \ldots, m)$$

où $a_{i1}, \ldots, a_{im}$ et A sont des entiers rationnels, il en résulte que tout entier du corps k divisible par A est un nombre de l'anneau et que par suite tout idéal du corps divisible par A est aussi un idéal de l'anneau r.

Le plus grand commun diviseur idéal de tous les idéaux du corps, qui sont aussi des idéaux de l'anneau r, est dit le *conducteur* $\mathfrak{f}$ *de l'anneau.* [Dedekind[8].] D'où :

Théorème 62. — Tout idéal $\mathfrak{j}$ du corps qui est divisible par le conducteur $\mathfrak{f}$ est aussi un idéal d'anneau de l'anneau r.

§ 32. — LES ANNEAUX DÉTERMINÉS PAR UN NOMBRE ENTIER. — LE THÉORÈME CONCERNANT LA DIFFÉRENTE D'UN NOMBRE ENTIER DU CORPS.

Les anneaux les plus importants sont ceux qui sont déterminés par un seul nombre entier θ du corps. Dedekind a fondé sa théorie des discriminants des corps algébriques sur les propriétés de ces anneaux particuliers. [Dedekind[6].]

Nous résumerons les principaux résultats de Dedekind dans le théorème suivant :

                    D. HILBERT.

THÉORÈME 63. — Le plus grand commun diviseur des différentes de tous les entiers du corps k est égal à la différente $\mathfrak{d}$ du corps. Soit δ la différente d'un entier θ qui détermine le corps et $\mathfrak{f}$ le conducteur de l'anneau déterminé par θ, on a $\delta = \mathfrak{f}\,\mathfrak{d}$.

Démonstration. — Soit $\omega_1, \ldots, \omega_m$ une base de k et soient $\omega'_1, \ldots, \omega'_m, \omega_1^{(m-1)}, \ldots, \omega_m^{(m-1)}$ les nombres conjugués de ces m nombres. Formons le déterminant à m^2 termes $\omega_m^{(l)}$:

$$\Omega = \begin{vmatrix} \omega_1, & \ldots, & \omega_m \\ \omega'_1, & \ldots, & \omega'_m \\ \cdot \cdot \cdot & \cdot \cdot \cdot & \cdot \cdot \cdot \\ \omega_1^{(m-1)}, & \ldots, & \omega_m^{(m-1)} \end{vmatrix}.$$

et désignons les mineurs relatifs à $\omega_1, \ldots, \omega_m$ par $\Omega_1, \ldots, \Omega_m$. Les m produits $\Omega\Omega_1, \ldots, \Omega\Omega_m$ sont alors m entiers du corps k et ils forment les nombres de base d'un idéal du corps k.

En effet, multiplions les $(m-1)$ lignes horizontales du déterminant Ω_h respectivement par

$$(16) \qquad u + \omega'_i, \quad u + \omega''_i, \quad \ldots, \quad u + \omega_i^{(m-1)}$$

où u est un paramètre indéterminé. Le déterminant à $m-1$ lignes prend alors la forme

$$f_1(u)\Omega_1 + f_2(u)\Omega_2 + \ldots + f_m(u)\Omega_m$$

où $f_1, \ldots, f_m$ sont des fonctions entières à coefficients entiers de u.

D'autre part, le produit des $m-1$ facteurs linéaires (16) est

$$u^{(m-1)} + (\omega'_i + \ldots + \omega_i^{(m-1)})u^{m-2} + \ldots = u^{m-1} + (a - \omega_i)u^{m-2} + \ldots$$

où a est un entier rationnel. Si l'on compare les coefficients de u^{m-2}, on voit que $\omega_i\Omega_h$ est une combinaison linéaire à coefficients entiers rationnels de $\Omega_1, \ldots, \Omega_m$, ce qui démontre que $\Omega\Omega_1, \ldots, \Omega\Omega_m$ sont les nombres de bases d'un idéal.

Soit $\Omega_h^{(l)}$ le déterminant mineur relatif à $\omega_h^{(l)}$, on sait que le déterminant à m lignes formé par les Ω_h^l est égal à Ω^{m-1} ; par suite, la norme de l'idéal $\mathfrak{J} = (\Omega\Omega_1, \ldots, \Omega\Omega_m)$ satisfait à

$$dn^2(\mathfrak{J}) = |\Omega\Omega_h^{(l)}|^2 = \Omega^{4m-2},$$

et par suite $n(\mathfrak{J}) = |d|^{m-1}$. Mais il est évident que le déterminant d du corps est divisible par $\mathfrak{J}$; posons $d = \mathfrak{J}\mathfrak{j}$, il en résulte que $n(\mathfrak{j}) = |d|$.

Soit θ un nombre quelconque qui détermine le corps; nous pouvons mettre les m nombres de base du corps sous la forme

$$\omega_1 = 1,$$
$$\omega_2 = \frac{a_1 + \theta}{f_1},$$
$$\omega_3 = \frac{a_2 + a_2'\theta + \theta^2}{f_2},$$
$$\cdots\cdots\cdots\cdots$$
$$\omega_m = \frac{a_{m-1} + a_{m-1}'\theta + \ldots + a_{m-1}^{(m-2)}\theta^{m-2} + \theta^{m-1}}{f_{m-1}},$$

où $a_1, a_2, a_2', \ldots, a_{m-1}^{(m-2)}, f_1, \ldots, f_{m-1}$ sont des nombres entiers rationnels.

Déterminons maintenant le conducteur $\mathfrak{f}$ de l'anneau déterminé par θ et nous mettrons les nombres de base sous la forme

$$\rho_1 = f_1',$$
$$\rho_2 = b_1 + f_2'\theta,$$
$$\rho_3 = b_2 + b_2'\theta + f_3'\theta^2,$$
$$\cdots\cdots\cdots\cdots$$
$$\rho_m = b_{m-1} + b_{m-1}'\theta + \ldots + b_{m-1}^{(m-2)}\theta^{m-2} + f_m'\theta^{m-1},$$

$b_1, b_2, \ldots, b_{m-1}, f_1', f_2', \ldots, f_m'$ étant des entiers rationnels.

D'après le théorème 62, $\rho_1\omega_m, \rho_2\omega_{m-1}, \ldots, \rho_m\omega_1$ ne peuvent être que des fonctions entières à coefficients entiers de θ; il en résulte nécessairement que f_1' est divisible par f_{m-1}, f_2' l'est par f_{m-2}, ..., f_{m-1}' par f_1, et par suite le produit $f_1', \ldots, f_{m-1}'$ est divisible par le produit $f = f_1 \ldots f_{m-1}$. Mais comme $n(\mathfrak{f}) = f_1 \ldots f_{m-1} f_1' \ldots f_{m-1}' f_m'$, on a

$$n(\mathfrak{f}) = f^2 g$$

où g est un entier rationnel.

Posons, de plus,

$$\Theta = \begin{vmatrix} 1, & \theta, & \ldots, & \theta^{m-1} \\ 1, & \theta', & \ldots, & \theta'^{m-1} \\ \cdots & \cdots & \cdots & \cdots \\ 1, & \theta^{(m-1)}, & \ldots, & (\theta^{(m-1)})^{m-1} \end{vmatrix}, \qquad H = (-1)^{\frac{m-1}{2}} \begin{vmatrix} 1, & \theta', & \ldots, & \theta'^{m-2} \\ \cdots & \cdots & \cdots & \cdots \\ 1, & \theta^{(m-1)}, & \ldots, & (\theta^{(m-1)})^{m-2} \end{vmatrix},$$

On a alors pour la différente δ du nombre θ

$$(-1)^{m-1}\delta = \frac{\Theta}{H}.$$

et, d'après ce qui a été dit au début,

$$(-1)^{\frac{m(m-1)}{2}} n(\delta) = \Theta^2 = f^2 d,$$

$$(17) \qquad \sum_{(h=1,2,\ldots,m)} u_h \Omega\Omega_h = \frac{\Theta}{f^2} \begin{vmatrix} u_1, & f_1 u_2, & f_2 u_3, & \ldots, & f_{m-1} u_m \\ 1, & a_1 + \theta', & a_2 + a_2'\theta' + \theta'^2, & \ldots, & a_{m-1} + \ldots + \theta'^{m-1} \\ \cdot\cdot\cdot & \cdot\cdot\cdot & \cdot\cdot\cdot & & \cdot\cdot\cdot \\ 1, & a_1 + \theta^{(m-1)}, & a_2 + a_2'\theta^{(m-1)} + (\theta^{(m-1)})^2, & \ldots, & a_{m-1} + \ldots + (\theta^{(m-1)})^{m-1} \end{vmatrix}$$

où $u_1, \ldots, u_m$ sont des indéterminées. Développons ce déterminant suivant les éléments de la première ligne, il s'écrira

$$u_1 H_1 + \ldots + u_m H_m.$$

Il est facile de voir que $\dfrac{H_1}{H}, \ldots, \dfrac{H_m}{H}$ sont alors tous des nombres entiers du corps k; ils s'obtiennent, comme le montre la formule 17, en multipliant les nombres $\Omega\Omega_1, \ldots, \Omega\Omega_m$ par un seul et même facteur situé dans k. Les m nombres $\dfrac{H_1}{H}, \ldots, \dfrac{H_m}{H}$ sont encore les bases d'un idéal; soit $\mathfrak{m}$ cet idéal.

Les nombres de l'idéal $\mathfrak{m}$ sont tous des fonctions entières à coefficients entiers de θ; cet idéal est donc divisible par $\mathfrak{f}$. Posons $\mathfrak{m} = \mathfrak{f}\mathfrak{l}$ où $\mathfrak{l}$ est un idéal dans k. Notre équation (17) montre alors que

$$\mathfrak{J} = \frac{\Theta H}{f^2} \mathfrak{f}\mathfrak{l} = \frac{d\mathfrak{f}\mathfrak{l}}{\delta};$$

d'où, en prenant la norme, il résulte

$$|d|^{m-1} = \frac{|d|^m \, n(\mathfrak{f}) \, n(\mathfrak{l})}{f^2 |d|}, \qquad \text{c'est-à-dire} \qquad f^2 = n(\mathfrak{f}) \, n(\mathfrak{l});$$

comme d'autre part on a trouvé $n(\mathfrak{f}) = f^2 g$, il faut que $g = 1$, $n(\mathfrak{l}) = 1$ et par suite $n(\mathfrak{f}) = f^2$, $\mathfrak{J}\delta = \mathfrak{f}d$, $\delta = \mathfrak{f}j$.

Soit maintenant $\mathfrak{p}$ un idéal premier donné du corps k; nous démontrerons tout d'abord que l'on peut toujours trouver dans k un nombre $\theta = \rho$ tel que le conducteur de l'anneau déterminé par ρ ne soit pas divisible par $\mathfrak{p}$. Soit p le nombre premier rationnel divisible par $\mathfrak{p}$, $p = \mathfrak{p}^e \mathfrak{a}$ où $\mathfrak{a}$ est un idéal premier avec $\mathfrak{p}$; de plus, soit ρ un entier de k, choisi de telle sorte que tout nombre entier de k soit congru à une fonction entière à coefficients entiers de ρ suivant toute puissance de $\mathfrak{p}$. Le théorème 29 montre l'existence d'un pareil nombre; de plus, supposons $\rho \equiv o$ suivant $\mathfrak{a}$ (théorème 25) et que ρ soit un nombre qui détermine le corps. Supposons que le descriminant de $\rho = p^k a$ où a est un entier rationnel premier avec p.

Tout nombre entier ω du corps peut alors être mis sous la forme

$$\omega = \frac{F(\rho)}{a\rho^h}$$

où $F(\rho)$ est une fonction entière à coefficients entiers de ρ.

En effet, si $\omega \equiv H(\rho)$ suivant $\mathfrak{p}^{eh}$ où $H(\rho)$ est une fonction entière à coefficients entiers de ρ, posons $\omega = H(\rho) + \omega^*$, il en résulte que $\omega^* \rho^h$ est divisible par p^h. Posons $\omega^* \rho^h = p^h \alpha$ où α est un entier du corps k. Comme d'après le § 3 tout nombre entier α peut être mis sous la forme $\dfrac{G(\rho)}{d(\rho)}$ où $G(\rho)$ est une fonction entière à coefficients entiers de ρ, il en résulte $\omega^* = \dfrac{G(\rho)}{a\rho^h}$ et de plus

$$\omega = \frac{a\rho^h H(\rho) + G(\rho)}{a\rho^h}.$$

Cette propriété de ρ que nous venons de trouver nous montre que le nombre $a\rho^h$ se trouve certainement dans le conducteur $\mathfrak{f}$ de l'anneau déterminé par ρ. $\mathfrak{f}$ n'est donc pas divisible par $\mathfrak{p}$, c'est-à-dire que $\rho = \theta$ est un nombre répondant aux conditions indiquées.

Ces derniers développements prouvent que $\mathfrak{j}$ est exactement le plus grand commun diviseur des différentes de tous les nombres entiers. D'autre part, ce plus grand commun diviseur, comme il résulte de la définition de la différente du corps $\mathfrak{d}$, contient nécessairement cet idéal $\mathfrak{d}$ en facteur; nous poserons $\mathfrak{j} = \mathfrak{h}\mathfrak{d}$. Comme suivant le théorème 13 $n(\mathfrak{d})$ est divisible par le discriminant d, il en résulte que $n(\mathfrak{j}) = n(\mathfrak{h})da$ où a est un entier rationnel. Mais comme $n(\mathfrak{j}) = \pm d$, il en résulte $n(\mathfrak{h}) = 1$, $\mathfrak{h} = 1$, $a = \pm 1$.

Du théorème 63 on déduit facilement les théorèmes 31 et 37, ainsi que les affirmations énoncées à la fin du § 12 relatives aux nombres premiers contenus dans le discriminant du corps. Il suffit pour déduire ces dernières de décomposer le premier membre de l'équation à laquelle satisfait $\theta = \rho$ suivant le nombre premier en question p, et de raisonner comme il a été fait au § 11, pour le premier membre de l'équation fondamentale.

<h3 style="text-align:center">§ 33. — LES IDÉAUX D'ANNEAUX RÉGULIERS ET LEURS LOIS DE DIVISIBILITÉ.</h3>

Soit r un anneau quelconque et $\mathfrak{j}_r = [\alpha_1, \ldots, \alpha_s]$ un idéal d'anneau de r, le plus grand commun diviseur des nombres de ce dernier est un idéal du corps; nous nommerons cet idéal $\mathfrak{j} = (\alpha_1, \ldots, \alpha_s)$ *l'idéal du corps correspondant à* $\mathfrak{j}_r$.

Lorsqu'en particulier l'idéal du corps $\mathfrak{j}$ est premier avec le conducteur $\mathfrak{f}$ de l'anneau r, nous dirons que $\mathfrak{j}_r$ est un *idéal d'anneau régulier*.

Théorème. — Soit j un idéal du corps premier avec le conducteur f, il y a toujours dans l'anneau r un idéal d'anneau j_r auquel correspond l'idéal du corps j.

Démonstration. — Déterminons le système de tous les nombres de l'anneau r, qui sont divisibles par l'idéal donné j du corps. Ces nombres forment dans r un idéal d'anneau $j_r = (\alpha_1, \ldots, \alpha_s)$. Ensuite nous choisissons dans le conducteur f de l'anneau un nombre entier φ premier avec j et dans j un nombre α premier avec φ. Il existera dès lors deux nombres entiers du corps ψ et β tels que $\varphi\psi + \alpha\beta = 1$.

Comme $\varphi\psi$ est divisible par f et qu'il fait partie de l'anneau r, $\alpha\beta$ est aussi un nombre de l'anneau r, et comme d'autre part $\alpha\beta$ est divisible par j, $\alpha\beta = 1 - \varphi\psi$ est un nombre de l'anneau j_r; et par suite l'idéal du coprs $j^* = (\alpha_1, \ldots, \alpha_s)$ est premier avec f.

Comme j^* est divisible par j et qu'il divise le produit fj, il en résulte que $j^* = j$. c'est-à-dire que j_r est un idéal d'anneau régulier auquel correspond l'idéal du corps j. ce qui démontre le théorème 64.

On entend par *produit de deux idéaux d'anneaux*

$$\mathfrak{a}_r = [\alpha_1, \ldots, \alpha_s] \quad \text{et.} \quad \mathfrak{b}_r = [\beta_1, \ldots, \beta_t]$$

l'idéal d'anneau

$$\mathfrak{a}_r\mathfrak{b}_r = [\alpha_1\beta_1, \ldots, \alpha_s\beta_1, \ldots, \alpha_1\beta_t, \ldots, \alpha_s\beta_t].$$

Il en résulte évidemment le

Théorème 65. — Au produit de deux idéaux d'anneau réguliers correspond toujours le produit des idéaux du corps qui correspondent aux facteurs.

Par suite de ce théorème, les lois de divisibilité et de décomposition des idéaux d'anneau réguliers coïncident avec les lois de divisibilité et de décomposition des idéaux du corps premiers avec f.

Dans ce qui suit. nous ne nous occuperons que d'idéaux d'anneau réguliers, nous n'ajouterons plus le mot régulier, c'est-à-dire que lorsque nous parlerons d'*un idéal d'anneau* il sera sous-entendu qu'il est régulier.

Le théorème 23 nous apprend qu'il existe toujours dans le corps k $\varphi(f)$ nombres entiers incongrus suivant l'idéal f et premier avec f. Lorsque l'un de ces nombres appartient à l'anneau r, cet anneau contient évidemment tous les nombres congrus à celui-ci suivant le conducteur f. Le nombre des entiers incongrus suivant f et premiers avec f contenu dans r est un diviseur de $\varphi(f)$; nous le désignerons par $\varphi_r(f)$.

La *norme* $n(\mathfrak{a}_r)$ *d'un idéal d'anneau* $\mathfrak{a}_r$ n'est autre chose que la norme de l'idéal du corps $\mathfrak{a}$ qui correspond à $\mathfrak{a}_r$. Cette définition nous donne les propositions élémentaires relative aux normes des idéaux d'anneau.

§ 34. — Les unités d'un anneau. — Les classes d'un anneau.

Le théorème relatif à l'existence des unités fondamentales se retrouve dans un anneau; la manière la plus simple de le déduire du théorème démontré pour les unités du corps consiste à remarquer qu'il résulte du théorème 24 que toute puissance $\varphi(f)^{\text{ème}}$ d'une unité du corps nous donne une unité de l'anneau. Le théorème 47, vrai pour les unités du corps, peut s'énoncer sous la même forme. Désignons ici par s le nombre que nous avons désigné par r au théorème 47. Soient $\varepsilon_1, \ldots, \varepsilon_s$ un système d'unités fondamentales de l'anneau, c'est-à-dire un système de s unités dans l'anneau r tel que toutes les unités de r puissent s'exprimer au moyen du produit de ces nombres et des racines de l'unité contenues dans l'anneau. Nous appellerons régulateur R_r de l'anneau le déterminant des s premiers logarithmes de ces unités pris positivement. Nous désignerons par w_r le nombre des racines de l'unité situées dans r. [Dedekind[3].]

Deux idéaux d'anneau a et b seront dits équivalents, s'il existe deux entiers μ et λ tels que $\mu a = \lambda b$. Ici nous considérerons le concept d'équivalence dans le sens restreint, c'est-à-dire que nous ferons la réserve suivante : la norme de $\frac{\mu}{\lambda}$ est positive.

Tous les idéaux d'anneau équivalents forment *une classe de l'anneau*. Un idéal d'anneau (α) où α est un nombre entier positif premier avec f est dit un idéal d'anneau principal; sa classe est dite *une classe principale de l'anneau*. Les autres définitions et les théorèmes relatifs à la multiplication des classes d'un anneau correspondent exactement à ce que nous avons établi aux §§ 22, 28, 29 pour les classes d'idéaux d'un corps; on voit, comme au § 22, que le nombre des classes d'un anneau est limité.

On peut employer pour déterminer le nombre des classes deux méthodes : soit des moyens purement arithmétiques, soit la voie analytique, comme il a été indiqué aux §§ 25 et 26. On obtient le résultat suivant : [Dedekind[3].]

Théorème 66. — Soit h et h_r le nombre des classes d'idéaux du corps et de l'anneau r, tous deux dans le sens restreint du concept de classes, on a

$$\frac{h_r}{h} = \frac{\varphi(f)\, w\, R_r}{\varphi_r(f)\, w_r\, R}.$$

Les formations du chapitre VIII se retrouvent dans l'anneau, et l'on peut parvenir ainsi à la notion de *forme décomposable* correspondant à une classe d'un anneau.

D. HILBERT.

§ 35. — LE MODULE. — LA CLASSE DE MODULE.

Soient $\mu_1, \ldots, \mu_m$ m nombres entiers du corps k qui ne sont liés par aucune relation linéaire et homogène à coefficients entiers rationnels, le système des nombres de la forme $a_1\mu_1 + \cdots + a_m\mu_m$ où $a_1, \ldots, a_m$ sont des entiers rationnels est dit un *module du corps k*, et on l'écrit $[\mu_1, \ldots, \mu_m]$. Le concept de module est un invariant pour l'addition et la soustraction. On a des exemples de modules : le système de tous les entiers du corps k, un idéal, un anneau, un idéal d'anneau. Deux modules $[\mu_1, \ldots, \mu_m]$ et $[\lambda_1, \ldots; \lambda_m]$ sont dits *équivalents* lorsqu'il existe deux entiers. μ et λ, tels que $[\mu\mu_1, \ldots, \mu\mu_m] = [\lambda\lambda_1, \ldots, \lambda\lambda_m]$. Tous les modules équivalents entre eux forment une *classe de modules*. Dedekind a pris le concept de module comme base de ses recherches sur les nombres algébriques. [Dedekind [1, 3, 6, 9].]

Le carré du déterminant

$$\begin{vmatrix} \mu_1, & \cdots, & \mu_m \\ \mu_1', & \cdots, & \mu_m' \\ \cdots & \cdots & \cdots \\ \mu_1^{(m-1)}, & \cdots, & \mu_m^{(m-1)} \end{vmatrix}$$

est, on le voit facilement, un nombre entier rationnel, divisible par le carré de la norme de l'idéal $\mathfrak{m} = (\mu_1, \ldots, \mu_m)$. On désigne par $\mathfrak{d}$ le quotient de ces deux carrés. On retrouve la même valeur $\mathfrak{d}$ si l'on forme le même quotient pour tout module équivalent à $[\mu_1, \ldots, \mu_m]$. Le nombre entier rationnel $\mathfrak{d}$ caractérise par conséquent la classe de modules déterminée par $[\mu_1, \ldots, \mu_m]$; on lui donne le nom de *discriminant de la classe de modules*.

Les concepts de *forme décomposable* et de *classe de formes* pour le module se définissent d'une façon analogue à celle que nous avons donnée au § 3o pour le corps. [Dedekind [3].]

THÉORIE

DES

CORPS DE NOMBRES ALGÉBRIQUES

MÉMOIRE de M. David Hilbert,

Professeur à l'Université de Gœttingen.

PUBLIÉ PAR LA SOCIÉTÉ

DEUTSCHE MATHEMATIKER VEREINIGUNG, en 1897.

TRADUIT PAR M. A. Levy,

Professeur au Lycée Voltaire.

Toutes les fois que M. Hilbert cite un auteur, le nom de cet auteur est accompagné d'un chiffre; ce chiffre, en se reportant à la table des renvois, indique l'ouvrage de l'auteur se rapportant à la question.

Nous mettrons cette table en tête des articles qui vont paraître.

TABLE DES OUVRAGES CITÉS DANS LE TEXTE.

N.-H. Abel.

1. *Extraits de quelques lettres à Holmboe.* Œuvres, 2ᵉ vol., p. 254.

F. Arndt.

1. *Bemerkungen über die Verwandlung der irrationalen Quadratwurzel in einen Kettenbruch.* Journ. für Math., t. XXXI, 1846.

P. Bachmann.

1. *Zur Theorie der complexen Zahlen.* Journ. für Math., t. LXVII, 1867.
2. *Die Lehre von der Kreisteilung und ihre Beziehungen zur Zahlentheorie.* Leipzig, 1872.
3. *Ergänzung einer Untersuchung von Dirichlet.* Math. Ann., t. XVI, 1880.

H. Berkenbusch.

1. *Ueber die aus den 8 ten Wurzeln der Einheil entspringenden Zahlen.* Inauguraldissertation. Marburg, 1891.

A.-L. Cauchy.

1. *Mémoire sur la théorie des nombres.* Comptes rendus, 1840.
2. *Mémoire sur diverses propositions relatives à la théorie des nombres* (trois Notes). Comptes rendus, 1847.

A. Cayley.

1. *Table des formes quadratiques binaires pour les déterminants négatifs depuis* D $= -$ 1 *jusqu'à* D $= -$ 100, *pour les déterminants positifs non carrés depuis* D $= 2$ *jusqu'à* D $= 99$ *et pour les treize déterminants négatifs irréguliers qui se trouvent dans le premier millier.* Œuvres, t. V, p. 141, 1862.

R. Dedekind.

1. *Vorlesungen über Zahlentheorie von P. G. Lejeune-Dirichlet.* Auflage II bis IV. Braunschweig, 1871-1894. Supplément XI et Supplément VII.
2. *Sur la théorie des nombres entiers algébriques.* Paris, 1877. Bull. des sciences math. et astron., t. I, p. 2, et t. XI, p. 1.
3. *Ueber die Anzahl der Idealklassen in den verschiedenen Ordnungen eines endlichen Körpers.* Braunschweig, 1877.
4. *Ueber den Zusammenhang zwischen der Theorie der Ideale und der Theorie der höheren Congruenzen.* Abh. der K. Ges. der Wiss. zu Göttingen, 1878.
5. *Sur la théorie des nombres complexes idéaux.* Comptes rendus, t. XC, 1880.
6. *Ueber die Discriminanten endlicher Körper.* Abh. der K. Ges. der Wiss. zu Göttingen, 1882.
7. *Ueber einen arithmetischen Satz von Gauss.* Mitteilungen der deutschen math. Ges. zu Prag 1892, und : *Ueber die Begründung der Idealtheorie.* Nachr. d. K. Ges. der Wiss. zu Göttingen, 1895.
8. *Zur Theorie der Ideale.* Nachr. der K. Ges. der Wiss. zu Göttingen, 1894.
9. *Ueber eine Erweiterung des Symbols* (a, b) *in der Theorie der Moduln.* Nachr. der K. Ges. der Wiss. zu Göttingen, 1895.

G. Lejeune Dirichlet.

1. *Mémoire sur l'impossibilité de quelques équations indéterminées du cinquième degré.* Œuvres, t. I, p. 1, 1825.
2. *Mémoire sur l'impossibilité de quelques équations indéterminées du cinquième degré.* Œuvres, t. I, p. 21, 1825, 1828.
3. *Démonstration du théorème de Fermat pour le cas des quatorzièmes puissances.* Œuvres, t. I, p. 189, 1832.
4. *Einige neue Sätze über unbestimmte Gleichungen.* Œuvres, t. I, p. 219, 1834.
5. *Démonstration d'un théorème sur la progression arithmétique.* Œuvres, t. I, p. 307, 1837.
6. *Démonstration du théorème que toute progression arithmétique dont le premier terme et la raison sont des nombres entiers sans diviseur commun contient un nombre infini de nombres premiers.* Œuvres, t. I, p. 313, 1837.
7. *Sur la manière de résoudre l'équation* $t^2 - pu^2 = 1$ *au moyen des fonctions circulaires.* Œuvres, t. I, p. 343.
8. *Sur l'usage des séries infinies dans la théorie des nombres.* Œuvres, t. I, p. 357, 1838.

9. *Recherches sur diverses applications de l'analyse infinitésimale à la théorie des nombres.* Œuvres, t. I, p. 411, 1839-1840.

10. *Untersuchungen über die Theorie der complexen Zahlen.* Œuvres, t. I, p. 503, 1841.

11. *Untersuchungen über die Theorie der complexen Zahlen.* Œuvres, t. I, p. 509, 1841.

12. *Recherches sur les formes quadratiques à coefficients et à indéterminées complexes.* Œuvres, t. I, p. 533, 1842.

13. *Sur la théorie des nombres.* Œuvres, t. I, p. 619, 1840.

14. *Einige Resultate von Untersuchungen über eine Klasse homogener Functionen des dritten und der höheren Grade.* Œuvres, t. I, p. 625, 1841.

15. *Sur un théorème relatif aux séries.* Journ. für Math., t. LIII, 1857.

16. *Verallgemeinerung eines Satzes aus der Lehre von den Kettenbrüchen nebst einigen Anwendungen auf die Theorie der Zahlen.* Œuvres, t. I, p. 653, 1842, und : *Zur Theorie der complexen Einheiten.* Œuvres, t. I, p. 639, 1846.

G. Eisenstein.

1. *Ueber eine neue Gattung zahlentheoretischer Functionen.* Bericht der K. Akad. der Wiss. zu Berlin, 1850.

2. *Beweis der allgemeinsten Reciprocitätsgesetze zwischen reellen und complexen Zahlen.* Bericht der K. Akad. der Wiss. zu Berlin, 1880.

3. *Ueber die Anzahl der quadratischen Formen, welche in der Theorie der complexen Zahlen zu einer reellen Determinante gehören.* Journal für Math., t. XXVII, 1844.

4. *Beiträge zur Kreisteilung.* Journal für Math., t. XXVII, 1844.

5. *Beweis des Reciprocitätsgesetzes für die cubischen Reste in der Theorie der aus dritten Wurzeln der Einheit zusammengesetzten Zahlen.* Journal für Math., t. XXVII, 1844.

6. *Ueber die Anzahl der quadratischen Formen in den verschiedenen complexen Theorien.* Journal für Math., t. XXVII, 1844.

7. *Nachtrag zum cubischen Reciprocitätssatze für die aus dritten Wurzeln der Einheit zusammengesetzten complexen Zahlen. Kriterien des cubischen Charakters der Zahl 3 und ihrer Teiler.* Journal für Math., t. XXVIII, 1844.

8. *Loi de réciprocité. Nouvelle démonstration du théorème fondamental sur les résidus quadratiques dans la théorie des nombres complexes. Démonstration du théorème fondamental sur les résidus biquadratiques qui comprend comme cas particulier le théorème fondamental.* Journal für Math., t. XXVIII, 1844.

9. *Einfacher Beweis und Verallgemeinerung des Fundamentaltheorems für die biquadratischen Reste.* Journal für Math., t. XXVIII, 1844.

10. *Untersuchungen über die Formen dritten Grades mit drei Variabeln welche der Kreisteilung ihre Entstehung verdanken.* Journal für Math., t. XXVIII et XXIX, 1844, 1845.

11. *Zur Theorie der quadratischen Zerfällung der Primzahlen $8n + 3$, $7n + 2$ et $7n + 4$.* Journal für Math., t. XXXVII, 1848.

12. *Ueber ein einfaches Mittel zur Auffindung der höheren Reciprocitätsgesetze und der mit ihnen zu verbindenden Ergänzungsgesätze.* Journal für Math., t. XXXIX, 1850.

G. Frobenius.

1. *Ueber Beziehungen zwischen den Primidealen eines algebraischen Körpers und den Substitutionen seiner Gruppe.* Berichte der K. Akad. Wiss. zu Berlin, 1896.

L. Fuchs.

1. *Ueber die Perioden, welche aus den Wurzeln der Gleichung $\omega^n = 1$ gebilded sind, wenn n eine zusammengesetzte Zahl ist.* Journal für Math., t. LXI, 1862.

2. *Ueber die aus Einheitswurzeln gebildeten complexen Zahlen von periodischem Verhalten, insbesondere die Bestimmung der Klassenanzahl derselben.* Journal für Math., t. LXV, 1864.

D. HILBERT.

C. F. Gauss.

1. *Disquisitiones arithmeticae*, 1801. Œuvres, t. I.
2. *Summatio quarundam serierum singularium.* Œuvres, t. II, p. 11.
3. *Theoria residuorum biquadraticorum, commentatio prima et secunda.* Œuvres, t. II, pp. 65 et 93.

J. A. Gmeiner.

1. *Die Ergänzungssätze zum bicubischen Reciprocitätsgesetze.* Ber. der K. Akad. der Wiss. zu Wien, 1892.
2. *Das allgemeine bicubische Reciprocitätsgesetz.* Ber. der K. Akad. der Wiss. zu Wien, 1892.
3. *Die bicubische Reciprocität zwischen einer reellen und einer zweigliedrigen regulären Zahl.* Monatshefte für Math. und Phys., t. III, 1892.

K. Hensel.

1. *Arithmetische Untersuchungen über Discriminanten und ihre ausserwesentlichen Teiler.* Inaugural-Dissert. Berlin, 1884.
2. *Darstellung der Zahlen eines Gattungsbereiches für einen beliebigen Primdivisor.* Journal für Math., t. CI et CIII, 1887, 1888.
3. *Ueber Gattungen, welche durch Composition aus zwei anderen Gattungen entstehen.* Journal für Math., t. CV, 1889.
4. *Untersuchung der Fundamentalgleichungen einer Gattung für eine reelle Primzahl als Modul und Bestimmung der Teiler ihrer Discriminante.* Journal für Matth., t. CXIII, 1894.
5. *Arithmetische Untersuchangen ueber die gemeinsamen ausserwesentlichen Discriminantenteiler einen Gattung.* Journal für Matth., t. CXIII, 1894.

Ch. Hermite.

1. *Sur la théorie des formes quadratiques ternaires indéfinies.* Journal für Math., t. XLVII, 1854.
2. *Extrait d'une lettre de M. Ch. Hermite à H. Borchardt sur le nombre limité d'irrationalités auxquelles se réduisent les racines des équations à coefficients entiers complexes d'un degré et d'un discriminant donnés.* Journal für Math., t. LIII, 1857.

D. Hilbert.

1. *Zwei neue Beweise für die Zerlegbarkeit der Zahlen eines Körpers in Primideale.* Jahresber. der Deutschen Mathematiker-Vereinigung, t. III, 1893.
2. *Ueber die Zerlegung der Ideale eines Körpers in Primideale.* Math. Ann., t. XLIV, 1894.
3. *Grundzüge einer theorie des Galois'schen Zahlkörpers.* Nachr. der K. Ges. der Wiss. zu Göttingen, 1894.
4. *Ueber den Dirichlet'schen biquadratischen Zahlkörper.* Math. Ann., t. XLV, 1894.
5. *Ein neuer Beweis des Kronecker'schen Fundamentalsatzes über Abel'sche Zahlkörper.* Nachr. der K. Ges. der Wiss. zu Göttingen, 1896.

A. Hurwitz.

1. *Ueber die Theorie der Ideale.* Nachr. der K. Ges. der Wiss. zu Göttingen, 1894.
2. *Ueber einen Fundamentalsatz der arithmetischen Theorie der algebraischen Grössen.* Nachr. der K. Ges. der Wiss. zu Göttingen, 1895.

3. *Zur Theorie der algebraischen Zahlen.* Nachr. der K. Ges. der Wiss. zu Göttingen, 1895.
4. *Die unimodularen Substitutionen in einem algebraischen Zahlenkörper.* Nachr. der K. Ges. der Wiss. zu Göttingen, 1895.

C. G. J. Jacobi.

1. *De residuis cubicis commentatio numerosa.* Œuvres, t. VI.
2. *Observatio arithmetica de numero classium divisorum quadraticorum formae $y^2 + Az^2$ designante A numerum primum formae $4n + 3$.* Œuvres, t. VI, p. 240, 1832.
3. *Ueber die Kreisteilung und ihre Anwendung auf die Zahlentheorie.* Œuvres, t. VI, p. 254, 1837.
4. *Ueber die complexen Primzahlen, welche in der Theorie der Reste der 5ten 8ten und 12ten Potenzen zu betrachten sind.* Œuvres, t. VI, p. 275, 1839.

L. Kronecker.

1. *De unitatibus complexis. Dissertatio inauguralis.* Berolini, 1845. Œuvres, t. I, p. 5, 1845.
2. *Ueber die algebraisch auflösbaren Gleichungen.* Ber. der K. Akad. der Wiss. zu Berlin, 1853.
3. *Mémoire sur les facteurs irréductibles de l'expression $x^n - 1$.* Œuvres, t. I, p. 75, 1854.
4. *Sur une formule de Gauss.* Journal de Math., 1856.
5. *Démonstration d'un théorème de M. Kummer.* Œuvres, t. I, p. 93, 1856.
6. *Zwei Sätze über Gleichungen mit ganzzahligen Coefficienten.* Œuvres, t. I, p. 103, 1857.
7. *Ueber complexe Einheiten.* Œuvres, t. I, p. 109, 1857.
8. *Ueber cubische Gleichungen mit rationalen Coefficienten.* Œuvres, t. I, p. 119, 1859.
9. *Ueber die Klassenanzahl der aus Wurzeln der Einheit gebildeten complexen Zahlen.* Œuvres, t. I, p. 123, 1863.
10. *Ueber den Gebrauch der Dirichlet'schen Methoden in der Theorie der quadratischen Formen.* Ber. der K. Akad. der Wiss. zu Berlin, 1864.
11. *Auseinandersetzung einiger Eigenschaften der Klassenanzahl idealer complexer Zahlen.* Œuvres, t. I, p. 271, 1870.
12. *Bemerkungen über Reuschle's Tafeln complexer Primzahlen.* Ber. der K. Akad. der Wiss. zu Berlin, 1875.
13. *Ueber Abel'sche Gleichungen.* Ber. der K. Akad. der Wiss. zu Berlin, 1877.
14. *Ueber die Irreductibilität von Gleichungen.* Ber. der K. Akad. der Wiss. zu Berlin, 1880.
15. *Ueber die Potenzreste gewisser complexer Zahlen.* Ber. der K. Akad. der Wiss. zu Berlin, 1880.
16. *Grundzüge einer arithmetischen Theorie der algebraischen Grössen.* Journal für Math., t. XCXII, 1882.
17. *Zur Theorie der Abel'schen Gleichungen. Bemerkungen zum vorangehenden Aufsatz des Herrn Schwering.* Journ. für Math., t. XCXIII, 1882.
18. *Sur les unités complexes* (trois Notes). Comptes rendus, t. XCVI, 1883. — Comparez avec J. Molk : *Sur les unités complexes.* Bull. des sc. math. et astr., 1883.
19. *Zur Theorie der Formen höherer Stufen.* Ber. der K. Akad. der Wiss. zu Berlin, 1883.
20. *Additions au mémoire sur les unités complexes.* Comptes rendus, t. XCIX, 1884.
21. *Ein Satz über Discriminanten-Formen.* Journal für Math., t. C, 1886.

E. Kummer.

1. *De aequatione $x^{2\lambda} + y^{2\lambda} = z^{2\lambda}$ per numeros integros resolvenda.* Journal für Math., t. XVII, 1837.
2. *Eine Aufgabe, betreffend die Theorie der cubischen Reste.* Journal für Math., t. XXIII, 1842.

3. *Ueber die Divisoren gewisser Formen der Zahlen, welche aus der Theorie der Kreisteilung entstehen.* Journal für Math., t. XXX, 1846.

4. *De residuis cubicis disquisitiones nonnullae analyticae.* Journal für Math., t. XXXII, 1846.

5. *Zur Theorie der complexen Zahlen.* Journal für Math., t. XXXV, 1847.

6. *Ueber die Zerlegung der aus Wurzeln der Einheit gebildeten complexen Zahlen in Primfactoren.* Journal für Math., t. XXXV, 1847.

7. *Bestimmung der Anzahl nicht aequivalenter Klassen für die aus λ^{ten} Wurzeln der Einheit gebildeten complexen Zahlen und die idealen Factoren derselben.* Journal für Math., t. XL, 1850.

8. *Zwei besondere Untersuchungen über die Klassenanzahl und über die Einheiten der aus λ^{ten} Wurzeln der Einheit gebildeten complexen Zahlen.* Journal für Math., t. XL, 1850.

9. *Allgemeiner Beweis des Fermat'schen Satzes, dass die Gleichung $x^\lambda + y^\lambda = z^\lambda$ durch ganze Zahlen lösbar ist, für alle diejenigen Potenz-Exponenten λ, welche ungerade Primzahlen sind und in den Zählern der ersten $\frac{1}{2}(\lambda - 3)$ Bernoulli'schen Zahlen als Factoren nicht vorkommen.* Journal für Math., t. XL, 1850.

10. *Ueber allgemeine Reciprocitätsgesetze für beliebig hohe Potenzreste.* Ber. der K. Akad. der Wiss. zu Berlin, 1850.

11. *Mémoire sur les nombres complexes composés de racines de l'unité et des nombres entiers.* Journal de math., t. XVI, 1851.

12. *Ueber die Ergänzungssätze zu den allgemeinen Reciprocitätsgesetzen.* Journal für Math., t. XLIV, 1851.

13. *Ueber die Irregularität der Determinanten.* Ber. der K. Akad. der Wiss. zu Berlin, 1853.

14. *Ueber eine besondere Art aus complexen Einheiten gebildeter Ausdrücke.* Journal für Math., t. L, 1854.

15. *Theorie der idealen Primfactoren der complexen Zahlen, welche aus den Wurzeln der Gleichung $\omega^n = 1$ gebildet sind, wenn n eine zusammengesetzte Zahl ist.* Abh. der K. Akad. der Wiss. zu Berlin, 1856.

16. *Einige Sätze über die aus den Wurzeln der Gleichung $a^\lambda = 1$ gebildeten complexen Zahlen für den Fall, dass die Klassenanzahl durch λ teilbar ist nebst Anwendung derselben auf einen weiteren Beweis des letzten Fermat'schen Lehrsatzes.* Abh. der K. Akad. der Wiss. zu Berlin, 1857.

17. *Ueber die den Gauss'chen Perioden der Kreisteilung entsprechenden Congruenzwurzeln.* Journal für Math., t. LIII, 1856.

18. *Ueber die allgemeinen Reciprocitätsgesetze der Potenzreste.* Ber. der K. Acad. der Wiss., zu Berlin, 1858.

19. *Ueber die Ergänzungssätze zu den allgemeinen Reciprocitätsgesetzen.* Journal für Matth., t. LVI, 1858.

20. *Ueber die allgemeinen Reciprocitätsgesetze unter den Resten und Nichtresten der Potenzen, deren Grad eine Primzahl ist.* Abh. der K. Akad. der Wiss. zu Berlin, 1859.

21. *Zwei neue Beweise der allgemeinen Reciprocitätsgesetze unter den Resten und Nichtresten der Potenzen, deren Grad eine Primzahl ist.* Abh. der K. Akad. der Wiss. zu Berlin, 1861. Reproduit dans le *Journal für Math.*, t. C.

22. *Ueber die Klassenanzahl der aus n^{ten} Einheitswurzeln gebildeten idealen complexen Zahlen.* Ber. der K. Akad. der Wiss. zu Berlin, 1861.

23. *Ueber die Klassenanzahl der aus zusammengesetzten Einheitswurzeln gebildeten idealen complexen Zahlen.* Ber. der K. Akad. der Wiss. zu Berlin, 1863.

24. *Ueber die einfachste Darstellung der aus Einheitswurzeln gebildeten complexen Zahlen, welche durch Multiplication mit Einheiten bewirkt werden kann.* Ber. der K. Akad. der Wiss. zu Berlin, 1870.

25. *Ueber eine Eigenschaft der Einheiten der aus den Wurzeln der Gleichung $a^\lambda = 1$ gebildeten complexen Zahlen und über den zweiten Factor der Klassenanzahl.* Ber. der K. Akad. der Wiss. zu Berlin, 1870.

26. *Ueber diejenigen Primzahlen λ, für welche die Klassenanzahl der aus λ^{ten} Einheitswurzeln gebildeten complexen Zahlen durch λ teilbar ist.* Ber. der K. Akad. der Wiss. zu Berlin, 1874.

J.-L. Lagrange.

1. *Sur la solution des problèmes indéterminés du second degré.* Œuvres, t. II, p. 375.

G. Lamé.

1. *Mémoire d'analyse indéterminée démontrant que l'équation $x^7 + y^7 = z^7$ est impossible en nombres entiers.* Journal de Math., 1840.

2. *Mémoire sur la résolution en nombres complexes de l'équation $A^5 + B^5 + C^5 = 0$.* Journal de Math., 1847.

3. *Mémoire sur la résolution en nombres complexes de l'équation $A^n + B^n + C^n = 0$.* Journal de Math., 1847.

V.-A. Lebesgue.

1. *Démonstration de l'impossibilité de résoudre l'équation $x^7 + y^7 + z^7 = 0$ en nombres entiers.* Journal de Math., 1840.

2. *Additions à la note sur l'équation $x^7 + y^7 + z^7 = 0$.* Journal de Math., 1840.

3. *Théorèmes nouveaux sur l'équation indéterminée $x^5 + y^5 = az^5$.* Journal de Math., 1843.

A. Legendre.

1. *Essai sur la théorie des nombres*, 1798.

F. Mertens.

1. *Ueber einen algebraischen Satz.* Ber. der K. Akad. der Wiss. zu Wien, 1892.

C. Minnigerode.

1. *Ueber die Verteilung der quadratischen Formen mit complexen Coefficienten und Veränderlichen in Geschlechter.* Nachr. der K. Ges. der Wiss. zu Göttingen, 1873.

H. Minkowsky.

1. *Ueber die positiven quadratischen Formen und über kettenbruchähnliche Algorithmen.* Journal für Math., t. CVII, 1891.

2. *Théorèmes arithmétiques. Extrait d'une lettre à M. Hermite.* Comptes rendus, t. XII, 1891.

3. *Geometrie der Zahlen.* Leipzig, 1896.

4. *Généralisation de la théorie des fractions continues.* Ann. de l'École normale, 1896.

C.-G. Reuschle.

1. *Tafeln complexer Primzahlen, welche aus Wurzeln der Einheit gebildet sind.* Berlin, 1875.

D. HILBERT.

E. Schering.

1. *Zahlentheoretische Bemerkung. Auszug aus einem Brief an Herrn Kronecker.* Journal für Math., t. C.
2. *Die Fundamentalklassen der zusammengesetzten Formen.* Abh. der K. Ges. der Wiss. zu Göttingen, 1869.

K. Schwering.

1. *Zur Theorie der arithmetischen Functionen, welche von Jacobi $\psi(a)$ genannt werden.* Journal für Math., t. XCIII, 1882.
2. *Untersuchung über die fünften Potenzreste und die aus fünften Einheitswurzeln gebildeten ganzen Zahlen.* Zeitschrift für Math. und Physik, t. XXVII, 1882.
3. *Ueber gewisse trinomische complexe Zahlen.* Acta Math., t. X, 1887.
4. *Une propriété du nombre premier 107.* Acta Math., t. XI, 1887.

J.-A. Serret.

1. *Traité d'algèbre supérieure.*

H. Smith.

1. *Report on the theory of numbers.* Œuvres.

L. Stickelberger.

1. *Ueber eine Verallgemeinerung der Kreisteilung.* Math. Ann., t. XXXVII, 1890.

F. Tano.

1. *Sur quelques théorèmes de Dirichlet.* Journal für Math., t. CV.

H. Weber.

1. *Theorie der Abel'schen Zahlkörper.* Acta Math., t. VIII et IX, 1886 et 1887.
2. *Ueber Abel'sche Zahlkörper dritten und vierten Grades.* Sitzungsber. der Ges. zur Förderung der Naturw. zu Marburg, 1892.
3. *Zahlentheoretische Untersuchungen aus dem Gebiete der elliptischen Functionen.* Nachr. der K. Ges. der Wiss. zu Göttingen, 1893. (Drei Mitteilungen.)
4. *Lehrbuch der Algebra.* Braunschweig, 1896.

P. Wolfskehl.

1. *Beweis, dass der zweite Factor der Klassenanzahl für die aus den elften und dreizehnten Einheitswurzeln gebildeten Zahlen gleich eins ist.* Journal für Math., t. XCIX, 1885.